Fritz Salzer

Über die Einheilung von Fremdkörpern von Dr. Fritz Salzer

Fritz Salzer

Über die Einheilung von Fremdkörpern von Dr. Fritz Salzer

ISBN/EAN: 9783743361485

Hergestellt in Europa, USA, Kanada, Australien, Japan

Cover: Foto ©berggeist007 / pixelio.de

Manufactured and distributed by brebook publishing software
(www.brebook.com)

Fritz Salzer

Über die Einheilung von Fremdkörpern von Dr. Fritz Salzer

ÜBER EINHEILUNG

VON

FREMDKÖRPERN

VON

DR. FRITZ SALZER
ASSISTENT AN DER KLINIK BILLROTH.

MIT DREI LITHOGRAPHIRTEN TAFELN.

———————•◦•——————

WIEN 1890

ALFRED HÖLDER

K. U. K. HOF- UND UNIVERSITÄTS-BUCHHÄNDLER

ROTHENTHURMSTRASSE 15.

Druck von Friedrich Jasper in Wien.

Die in den menschlichen Organismus eingedrungenen Fremdkörper setzen Störungen und Veränderungen, welche im Wesentlichen abhängen einerseits von der Localität, respective dem betroffenen Organe, oder mit anderen Worten der Art der Verletzung, in zweiter Linie aber auch von der Beschaffenheit der Fremdkörper. Indem im Folgenden speciell auf die Reaction des Organismus gegenüber Fremdkörpern mit Rücksicht auf die physikalische Beschaffenheit derselben, ohne Rücksicht auf Gefährlichkeit der Verletzung an sich eingegangen werden soll, wäre im Engeren zu unterscheiden zwischen der Wirkung von unreinen (so nennen wir der Kürze wegen die pathogene Keime mit sich führenden Fremdkörper) und reinen, entweder blos mechanisch oder chemisch wirkenden Fremdkörpern.

Die ersteren, die unreinen Fremdkörper, sind seit den ältesten Zeiten der bedauernswerthe Anlass des ärztlichen Interesses und Handelns bei jeder Fremdkörpereinschliessung gewesen. Der Glaube an die Gefährlichkeit der Fremdkörper basirt ja grösstentheils auf der Erfahrung schädlicher Folgen gerade dieser Ersterwähnten. Jetzt beginnen Kritik und Therapie immer mehr darauf einzugehen, dass dieselben nur einen Bruchtheil der zur Beobachtung gelangenden Corpora aliena darstellen, trotzdem in alter Zeit schon seit Ambroise Parée, und besonders seit dem grossen John Hunter, die exspectative Behandlung beobachtende und denkende Vertheidiger gefunden hat. Die Reaction des Organismus ist hier, abgesehen von der traumatischen Entzündung, im Wesentlichen den specifischen pathogenen Keimen eigenthümlich, führt in der Regel nicht zur Einheilung und gehört daher nicht in den Rahmen dieses Aufsatzes.

Die Reaction bei reinen Fremdkörpern, insoferne sie eminent chemisch oder aber toxisch wirken, hat die experimentelle Pathologie, was die Wirkung auf den Gesammtorganismus anlangt, klargelegt. Die Kenntniss der localen Veränderungen bezieht sich in der Regel auf den Nachweis des Gewebstodes bei gewissen animalischen oder organischen Giften und auf die entzündliche Reaction der Gewebe mit Exsudation, Infiltration und nachfolgender Schwielenbildung — oder Eiterung. Die locale Therapie bei selteneren chemischen Noxis liegt bei dem mangelnden Fundus der Erfahrung noch recht im Argen. Auf diese Gruppe der Fremdkörper wollen wir im Folgenden nur beiläufig eingehen, insoweit sie bei längerem Verharren andauernd wirken.

Was nun die Pathologie der rein mechanisch wirkenden Fremdkörper betrifft, so wären hier, indem wir auf die Verletzung nicht Rücksicht nehmen, im Besonderen die Veränderungen ins Auge zu fassen, welche Folge sind des specifischen Gewichtes, der Form und der Oberfläche des betreffenden Körpers, wobei aber die eventuelle Resorbirbarkeit, respective Löslichkeit in den Körpersäften nicht ganz ausser Acht zu lassen wäre.

Die Zahl der Beispiele von Einheilung fremder Körper im Organismus ist eine ausserordentlich grosse und die Mittheilung derselben spielte besonders in früheren Jahrzehnten in der chirurgischen Casuistik eine Rolle. Für uns haben die meist älteren Beispiele viel an Wunderbarem verloren, seitdem die Bedingungen für die Wundheilung ergründet sind.

Wir wissen, dass den Fremdkörpern an sich, mit Ausnahme einzelner chemisch wirkender Fremdkörper, keine Eiterung erregenden Eigenschaften zukommen, und verwundern uns daher auch nicht, wenn ein solcher keine Eiterung verursacht und, ohne stürmische Reaction hervorzurufen, im Organismus verharrt.

Leber hat für das Auge gezeigt, dass Kupfer und Quecksilber Eiterung erregend wirken. Neuerer Zeit hat besonders Grawitz erwiesen, dass Argentum nitricum, Krotonöl, Ammoniak, Terpentin bei gewissen Thierspecies Eiterung erregen. Aehnlich Scheuerlen für einige Ptomaine. Freilich dürfte es sich hier um keine progredienten Eiterungen handeln, indem keine fermentartige Substanz zur Wirkung gelangt.

Aeltere Casuistik.

Die ältere Casuistik hat für die Auseinandersetzungen, die wir hier beabsichtigen, schon deswegen keine besondere Bedeutung, weil zumeist gerade auf den pathologisch-anatomischen Befund nicht eingegangen wird und blos Anamnese, Decursus und Therapie abgehandelt werden. Es mögen daher aus der Casuistik nur ganz wenige, einigermassen instructive Beispiele erwähnt werden.

Derjenige Fremdkörper, der am häufigsten als reactionslos eingeheilt Erwähnung findet, ist wohl die Stahlnadel, besonders die Nähnadel. Es ist sicher, dass in einer sehr grossen Zahl von Fällen, wenn auch nicht in der Mehrzahl, eingestochene Nadeln, ohne Eiterung zu erregen, einheilen. Ueber die Art der Reaction erfährt man aus den älteren Mittheilungen kaum Erwähnenswerthes; von Breschet wird eines weissen Schleimes um die in oder unter der Haut eingeheilten Nadeln Erwähnung gethan und angegeben, dass das Metall oxydirt sei. A. Doran meint, dass solche kleine anorganische Fremdkörper, ohne irgend welche Entzündung zu erregen, ohne abgekapselt zu werden, in den Geweben verharren können. Auch G. T. Weiss gibt an, dass man Nadeln »beinahe« frei finde. Hodge fand zufällig bei der Section eines Mannes in der Grosshirnhemisphäre eine Nähnadel mit der Spitze nach hinten. Sie war durch alte Narbenstränge an der Dura befestigt. Bergmann führt einen zweiten ähnlichen Fall von Th. Simon an. In der linken Hemisphäre einer 79jährigen Frau fand sich eine Nadel, welche mit der Oese aufrecht stand, die Spitze im linken Seitenventrikel. Am Schädel darüber kein Defect, blos aussen eine kleine Vertiefung, innen eine Exostose. Manne fand Nadeln in den Meningen am Scheitel, welche Epilepsie erregt hatten. Die Nadeln waren nach Annahme der Autoren durch die Fontanellen vor der Zeit der Ossification eingestochen worden.

M. Huppert fand im Herzen eines älteren Mannes als zufälligen Befund eine Nähnadel, welche in der hinteren Wand des linken Ventrikels steckte und 5—6''' frei in den Ventrikel vorragte. Die Nadel war kohlschwarz, weder rauh noch vollkommen glatt, und war, soweit sie in der Wand steckte, von einem dünnen, leicht schneidbaren, bläulich weissen Häutchen umkleidet, während der äusserst zarte, scheidenartige Ueberzug des vorragenden Nadeltheiles sich mikroskopisch als vorgestülptes Endocard erkennen liess. Es war weisslich getrübt und mit Plattenepithel überzogen. Das Fehlen einer grösseren Reaction nach einer ähnlichen Verletzung constatirt Sandborg, welcher eine 9 cm lange Nadel fest in der Herzmusculatur stecken fand. Der Kopf der Nadel war im linken Ventrikel, der übrige Theil perforirte Pericard, Diaphragma, Leber, Magenwand, welche Organe alle untereinander verklebt waren. Gérard fand den Stiel einer Stricknadel in der Wand des rechten Ventrikels mit fibrinösen, organisirten Pfröpfchen bedeckt, sechs Jahre nach der Verletzung. Neill fand eine stark oxydirte Nadel in einer Cyste der Wand des linken Ventrikels. Bei Wiederkäuern wurden im Herzen eingeheilte Nadeln öfters beobachtet.

Weiters ist die Einheilung der Kugeln eine altbekannte Thatsache. Es finden sich Angaben einerseits der Einkapselung der Kugel in Schwielen oder sklerosirtes Knochengewebe, oder aber in cystische Hohlräume. Schon Fabricius Hildanus sagt, dass eine Bleikugel in dem hohlen Leibe oder unter dem Mausfleisch sich etliche Jahre aufhalten kann. Er fand einmal eine Kugel, welche ein halbes Jahr nach der Verletzung zwischen Schädeldach und Dura eingeheilt war, indem »die Natur demselben Orte eine harte Materie verschafft, welche unter« der Dura »gleich als ein Kissen oder Polster gelegen, damit es keinen Schaden nehme«. Bergmann fand ein Revolverprojectil, vollständig in Bindegewebe eingekapselt, im Gehirn, 0·5 cm entfernt von einem Hirnabscess. Koch fand gleichfalls eine im Gehirne vollständig abgekapselte Revolverkugel. Malle erzählt, dass ein Officier mit Kopfschuss ein hohes Alter erreichte. Die Kugel lag in der linken Hälfte des Kleinhirns. Cortese fand 19½ Jahre nach der Verletzung unter einem Defect der Squama eine in die Hirnsubstanz hineinragende, 3 cm lange Protuberanz, welche Knochenfragmente und die Kugel in sich schloss, von der aus ein Schusscanal durch die rechte Hemisphäre 10 cm weit bis an die Falx magna reichte, welcher wieder ein spitzes, unregelmässig geformtes Knochenstück adhärirte. Die Wandungen des für den Finger durchgängigen Schusscanals zeigten die mikroskopisch unveränderten Charactere des Hirnparenchyms, Hutin erwähnt, dass eine Kugel 14 Jahre im Vertebralcanale eingeheilt war und daselbst sehr fest stak, und Brechet berichtet von einem ähnlichen Falle. Auch v. Bruns erwähnt der Einheilung von Kugeln im Hirn.

Einheilung von Kugeln in den Lungen, und zwar in eng anliegenden cicatricellen Kapseln, führen Bland, Ravaton, Baudens, Larrey an, beweisende Beispiele für die Behauptung König's, dass reine Fremdkörper sich in den Lungen in bindegewebigen Taschen leicht einkapseln. Nissel fand eine Kugel 16 Jahre nach der Verletzung in einer hühnereigrossen Höhle. Guyon eine Kugel ebenfalls in einer Cyste der Lunge. Suchong entdeckte in einer glattwandigen Höhle der rechten Lunge eine Kugel, Knochensplitter, ein Stückchen Leinwand und ein Stückchen Tuch 10 Jahre nach dem Schuss. Demme beobachtete ebenfalls Einkapselung der Projectile in der Lunge.

Die Zahl der Einheilungen von Kugeln in inneren Organen ist überhaupt sehr zahlreich. Guthrie, Baroisse, Thompson, Bilguer fanden Kugeln in Gallenblase und Leber eingeheilt. Gleichfalls in der Leber fand Arnold eine Chassepotkugel in einer Höhle, welche gegen das benachbarte Lebergewebe durch eine Kapsel abgegrenzt war. Bergmann und Socin fanden eine Kugel inmitten normalen Nierenparenchyms, blos umgeben von einer dünnen Bindegewebskapsel.

Percy und Bojer beobachteten das Einheilen von Geschossen in der Zungenmuskulatur, wie denn überhaupt im Muskelfleisch Blei nach Angabe Ferry's leicht einheile. Gegen Baudens, welcher glaubt, dass Projectile leicht im Muskelfleische eingekapselt werden, hält Demme dies für selten, beobachtete hier aber öfters Wanderung der Geschosse.

Einheilen von Projectilen in Schwielen des Herzfleisches ist aus Jagderfahrungen bekannt. Kugeln und Holz wurden im Herzen von Hirschen und Schweinen vollständig abgekapselt gefunden.

G. Fischer stellt 12 geheilte Herzschusswunden beim Menschen zusammen, darunter sind fünf Fälle, in welchen das Geschoss im Herzen stecken blieb, und von diesen lebte ein Patient noch 52 Jahre lang nach dem Schuss. Latour beschreibt einen Fall, in welchem eine Kugel sechs Jahre im Herzen lag, eingekapselt im rechten Ventrikel. Galusha fand 20 Jahre nach dem Schuss die Kugel eingekapselt in der Wand des rechten Ventrikels. Randall fand freie Schrotkörner in den Höhlen des rechten Herzventrikels und Herzohres. Vandelli eine Kugel frei im rechten Ventrikel mehrere Jahre nach dem Schuss.

Sowohl Longmore, als auch Demme beobachteten Einheilung eines Projectils in der Milz durch Abkapselung.

Demme beobachtete in drei Fällen das Einheilen von Vollprojectilen in die Spongiosa des Knochenkopfes von Tibia oder Femur. Simon hatte schon früher für sphärische Projectile die Einkapselung in der Spongiosa breiter Gelenkenden dargethan. Dementiew zählt eine grosse Zahl von Beispielen auf, in welchen Projectile ohne Eiterung zu erregen in Gelenken und Knochen einheilten. Hier und da ist Schwielenbildung oder das Auftreten eines mächtigen Callus erwähnt. G. Weiss gibt an, dass die Projectile im Knochen eine rareficirende Ostitis hervorrufen, dass sie aber schliesslich, am häufigsten durch eburnirtes Gewebe festgehalten werden oder in mehrweniger grossen Cysten oder Fasergewebslagen eingebettet sind. Fischer beobachtete, dass die in den Knochen eingedrungenen Geschosse meist von den Knochenfragmenten umschlossen werden (andererseits findet sich die Angabe, dass Knochensplitter im Projectil eingeschlossen sind).

Arnold fand ein Projectil auf der intacten siebenten Rippe aufliegen, umhüllt von fast unverändertem Zellgewebe, mit dem es in inniger Verbindung stand, während es auf der Rippe verschiebbar war. Das umgebende Zellgewebe war nur leicht verdichtet. Weiss erwähnt Einheilung einer Kugel in die Hand, und Bergmann fand einmal eine Revolverkugel zwischen zweitem und drittem Metacarpalknochen in einer festen Bindegewebskapsel, welche ausser der Kugel noch einige Tropfen seröse Flüssigkeit enthielt. Szydlowski fand eine Granatkugel mit einer strangförmigen schwieligen Verwachsung an das Rippenperiost. Hier war ein eckiges Knochenstück in der Kugel wahrzunehmen.

Häufig handelt es sich blos um theilweises Einheilen in festes sklerosirtes Knochengewebe bei anhaltender Eiterung, wie z. B. in jenem Falle, in welchem Krönlein eine 11 Jahre lang Eiterung erregende Miniékugel extrahirte.

Ehrmann fand eine Revolverkugel als freien Körper im Kniegelenk.

Fischer constatirte 1878 bei einem Officier ein Projectil, welches von 1866—1876 reactionslos unter dem Musculus pectoralis major lag, dann aber Eiterung erregte. Es war von Kalkniederschlägen bedeckt, und F. erwähnt, dass er auf den Projectilen, welche langjährige Eiterung erzeugten, stets Kalk fand.

Erwähnt sei, dass das Wandern der Projectile, wenn auch nicht häufig, so doch unzweifelhaft beobachtet ist, indem das Gewebe durch den Druck schwerer Kugeln usurirt wird, so dass diese tiefer sinken, während der Canal dahinter sich durch Granulation schliesst. Bei kleinen Projectilen, Schrotkörnern, welche so häufig einheilen, konnte ich in mehreren Fällen keine Wanderung constatiren. Bergmann ist der Ansicht, dass sogar in weichen Geweben, wie in der Hirnsubstanz, Sinken der Projectile nicht als Regel stattfindet, obgleich Flourens solches beobachtet hat.

Dass glatte Messerklingen wiederholt ohne Eiterung zu erregen im Schädel, Rücken, besonders, wenn sie sich im Knochen einkeilten, ohne irgendwelche Symptome hervorzurufen, eingeheilt waren, ist zahlreichen Sectionsberichten zu entnehmen. Monod findet ein 9 cm langes Stück einer Säbelklinge an der Innenfläche der linken Thoraxwand, an die Rippen durch Osteophyten gelöthet und dadurch fixirt. Gerster excidirte eine 3″ lange Messerklinge, welche im Vorderarm zwei Jahre lang eingeheilt war. H. Larrey beschreibt ein Präparat aus Florenz, ein Stilet, welches 4 Jahre lang in Scheitelbein und Hirn steckte; eine Pseudo-membran schützte wie eine Scheide die Hirnsubstanz. Cuvilliers ex-trahirte eine Degenklinge, welche, das Rückenmark perforirend, in der Wirbelsäule eingeheilt war; und Hager erwähnt eines im linken Ober-schenkel zwei Jahre lang eingeheilten Drahtstückes, welches durch Acu-punctur constatirt, durch Incision entfernt wurde, »nachdem die aus ver-dickter Lymphe gebildete Kapsel durchtrennt worden war«.

Andere Fremdkörper, wenn reactionslos verharrend, sind als Curiosa zu erwähnen. Ein besonders bemerkenswerthes Beispiel aus der neueren Casuistik ist der Fall von Huppert:

Bei einem 42 Jahre alten Maniacus, der in früheren Jahren geistig normal war, fand man bei der Section einen 7·3 cm langen Schieferstift wenig beweglich in der Hirnsubstanz dicht unter dem Boden des rechten Unter- und Hinterhornes, mit seinem vorderen Ende an das Schläfebein anstossend und fixirt, mit dem hinteren Ende im Mark des Hinterlappens eingegraben, anscheinend ohne weitere anatomische Veränderungen als die unmittelbare Raumverdrängung und eine sehr geringe Bindegewebs-wucherung; das Gehirn in der Nachbarschaft nicht verändert, in der eng umschliessenden Marksubstanz weder Atrophie noch sklerotische Ver-dichtung, nicht einmal abnorme Färbung, blos an der Innenseite des Schläfebeines ein kleiner Osteophyt mit Resten zähen weissen Bindegewebes, an welchem offenbar das vordere Ende des Corpus alienum befestigt war. Huppert nimmt an, dass der Schieferstift, da Anzeichen einer statt-gehabten Knochenverletzung mangelten, bei noch bestehenden Fontanellen durch eine derselben in den Schädel eingestochen worden war und da so lange latent verharrt sei.

Holz heilt relativ selten ein. Billroth extrahirte einen 7 Linien langen Dorn, welcher elf Jahre lang dicht unter der Unterschenkelhaut lag; Desir de Fortunet berichtet über einen ähnlichen Fall, in welchem ein Dorn 15 Jahre nach dessen Eindringen in den Musc. latissimus dorsi ent-fernt wurde, wo er die Entwicklung einer fibromähnlichen Geschwulst ver-anlasst hatte. Klebs fand Baumwollfäden von 2—3 mm Durchmesser in den Weichtheilen des Unterarmes eingeheilt. Wenn Bardeleben angibt, dass Fremdkörper, welche von aussen her in Haut, Bindegewebe, Muskeln, Knochen, in das Gewebe der Nerven und sogar des Gehirnes, in Einge-weide oder auch in seröse Höhlen eingedrungen sind, bei geringfügiger Grösse, glatter Oberfläche, wenig irritirender Beschaffenheit nur eine so mässige Entzündung in ihrer Umgebung bedingen, dass sie abgekapselt werden, und als hierzu besonders geeignet der Schrotkörner, glatter anderer Fremd-körper, der Nadeln und Ligaturfäden erwähnt, so sind vor Allem Glassplitter häufig in derartigen cystischen Kapseln gefunden worden: Cysten, bezüglich deren Bildung Gussenbauer sagt, dass es sich um Entstehung einer fibrösen Membran handle, welche an ihrer den Fremdkörpern zugewendeten Fläche mit Endothelien ausgekleidet sei. v. Dumreicher fand ein 1″ langes und ³/₄″ breites Glasstück in der Gegend der linken Schultergräte in einem durch eine leichte Membran abgegrenzten Hohlraume. Weiss fand einen 8 cm langen Glassplitter gleichfalls in der Schultergegend, ohne dass derselbe irgendwelche Entzündungserscheinungen hervorgerufen hätte. Hager und viele Andere fanden Glassplitter durch lange Jahre in Hand oder Fuss eingeheilt.

Aus der neueren chirurgischen Literatur ist eine grosse Reihe von Fremdkörper-Einheilungen mit genauen mikroskopischen Befunden zu ersehen. Es handelt sich da um die seit dem antiseptischen Wundverfahren verwendete Seide, Catgut, Draht, Elfenbeinstifte, Nägel etc. etc. Am genauesten sind diesbezügliche Veränderungen studirt nach Thierexperimenten behufs Beantwortung principieller Fragen der allgemeinen chirurgischen Pathologie.

Indem wir auf die betreffende medicinische Literatur der letzten Decennien zurückblicken, finden wir die feinen Gewebsveränderungen bei Fremdkörpereinheilung zumal in der Bauchhöhle, im subcutanen Zellgewebe und in Knochen beschrieben. Was zunächst die Einheilung in die Peritonealhöhle betrifft, so fanden Spiegelberg und Waldeyer, welche analoge Experimente wie Rud. Wagner, Burdach Mitteldorpf anstellten, dass Ligaturen in der Bauchhöhle durch Abkapselung eingesargt werden; Seiden- und Leinwandfasern zeigten in den ersten 21 Tagen nur leichte Quellung, während in der Folge zwischen die einzelnen Fasern eine Menge Zellen eindrangen, welche aus der Nachbarschaft hereingewandert waren. Die Fäden waren später ganz auseinandergedrängt und stellenweise total aufgefasert.

Das umgebende Gewebe verhält sich bei verschiedenen Versuchen sehr verschieden: 1. Die Ligatur war dicht abgekapselt durch neugebildetes Bindegewebe, zwischen den Fäden junges Granulationsgewebe. 2. Die Ligatur lag frei in der Bauchhöhle, nachdem sie von der umschnürten Partie abgeglitten war; war jedoch nachträglich an anderen Stellen adhärent, resp. durchwachsen von jungen Serosazellen. 3. Sie lag in einer kleinen cystischen Cavität der Schnürstücke.

Maslowski illustrirte Erfahrungen am Menschen dadurch, dass er experimentell bewies, dass Hunde leichter metallische Ligaturen ertrugen als seidene; dass seidene, eiserne, kupferne, silberne Ligaturen und Fil de Florence stets von neugebildetem Bindegewebe abgekapselt werden. (Um Seide bilde sich zugleich ein wenig Eiter.) Der Brandschorf auf dem Cornu uteri wird beim Hunde nicht durch Eiterung abgestossen, sondern von neugebildetem Bindegewebe eingekapselt, so dass er mit den umgebenden Theilen verwächst.

Wegner fand die in die Bauchhöhle injicirten Tuschekörner, soweit sie nicht resorbirt wurden, theils in den Endothelzellen der Serosa, theils in zartem Bindegewebe eingeschlossen. Sie lagen als einzelne gröbere schwarze Klümpchen der Bauchwand oder dem Leberüberzuge an, auf dem sie durch eine dünne, serosaähnliche Gewebsschichte abgekapselt waren.

Tillmanns implantirte todte Gewebsstücke, im Alkohol gehärtete Leber, Niere etc., in die Bauchhöhle von Thieren, um die Benarbung zu studiren. Er fand, dass in der That die Spalten dieser Fremdkörper sich mit farblosen Blutzellen füllen und schliesslich gefässhaltiges Bindegewebe darin auftritt. Catgut ist nach 17 Tagen resorbirt, Seide hingegen noch nach sechs Wochen unverändert, während todtes Gewebe um die Seide schon längst resorbirt ist. T. meint, dass Catgut und wahrscheinlich späterhin auch Seide durch Vordringen und Eindringen der Wanderzellen zerstört und durch Bindegewebe substituirt werden, ähnlich wie der unterbundene Ovarialstiel; letztere Meinung stimmt mit den erwähnten Experimenten von Waldeyer nicht überein.

Hallwachs fand bei Hunden um die seit acht Monaten in die Peritonealhöhle eingeheilte Seide ein granulationsgewebeähnliches, sehr blutgefäss- und zellenreiches, faserarmes Bindegewebe in unmittelbarem Contact mit dem Fremdkörper. Nach aussen von dieser dünnen Schicht fand sich derbes Fasergewebe. Zwischen den Fäserchen eines einzelnen Seidenfadens sah er kleine Zellen in einer durchsichtigen Substanz liegen. Um einen seit acht Monaten in der Bauchhöhle eingekapselten Schwamm gleichfalls eine innere, mehr injicirte, eine äussere, derbe weissgelbe Schichte. Mitunter glich das Gewebe um den in Resorption begriffenen Schwamm organisirter Exsudatmasse oder geronnenem Fibrin; einzelne Schwammpartikel waren ganz um- und durchwuchert von gefässhaltigem Granulationsgewebe. In einem andern Versuche fand sich nach Catguteinheilung in der Bauchhöhle eines Hundes sechs Monate p. op. an den betreffenden Stellen in einem unregelmässigen Faserzellengewebe junges Granulationsgewebe — hier war Catgut gelegen. In einem fünften Falle war eine elastische Ligatur eingeheilt worden; man fand dieselbe bei diesem Hunde fünf Monate p. op. in ein Kapselgewebe eingehüllt, welches dem in den früher erwähnten Fällen geschilderten ähnlich war, nur dass in demselben zahlreiche Krystalle und gelbe Partikel, ähnlich wie auf der rauhen Oberfläche der Ligatur selbst, zu erkennen waren. Hallwachs schliesst, dass nach sechs Monaten Catgut resorbirt und durch gut vascularisirtes Fasergewebe substituirt, Schwämme zertrümmert, Seide abgekapselt und aufgefasert, elastische Ligatur abgekapselt sei. Das Volumen dieser Gegenstände habe in Folge der Compression des lebenden Gewebes abgenommen. Wird organische Substanz includirt, so tritt

Entzündung auf, vermehrte Saftströmung, Granulationswucherung, Gefäss-
neubildung, bis die Lücken ausgefüllt sind. In den feinsten Zwischen-
räumen geschieht dies durch Gewebsflüssigkeit, welche Zellen enthält. Es
erfolgt keine Eiterung, der Fremdkörper zerfällt in feinste Partikel (für
Seide nur von Lister bewiesen), diese werden durch den Blut- oder Saft-
strom, oder durch Wanderzellen fortgeführt, das resultirende Narbengewebe
schwindet möglicher Weise zuletzt.

Rosenberger, welcher gleichfalls theils frische, theils todte Gewebsstücke in die Bauchhöhle brachte, sah, dass todte Gewebsstücke in 3—4
Tagen von einer Kapsel umschlossen werden, von welcher Zellen in das
fremde Gewebe einwandern; häufig fand er Riesenzellen zwischen Kapsel
und Fremdkörper, von denen er mit Langhanns annimmt, sie hätten
die Function von Resorptions-Organen. (Das frisch implantirte Gewebsstück
lebt, nachdem es eine lockere Verbindung mit den Bauchorganen eingegangen, in der Bauchhöhle fort. Manchmal tritt im Centrum eitrige
Einschmelzung auf.)

v. Dembowski fand, dass Fremdkörper wie Ligaturen, todtes Gewebe, Brandschorfe sicher Adhäsionen erzeugen, während Jodoform, Blut-
coagula und reizende antiseptische Flüssigkeiten zu keiner Verlöthung
den Anlass geben. Einfach eingelegte Fremdkörper werden stets in
Mesenterialfalten oder im Netz abgekapselt. Jodoformgaze, an die Serosa
der Bauchwand des rechten Hypogastrium angenäht, war nach acht
Tagen angelöthet, abgekapselt, der verdickte Leberrand adhärent. Jodoformgaze, von Innen an das Orificium intern. des Leistencanals genäht,
war hier nach zwei Wochen zwischen Peritoneum parietale und dem 3 mm
dicken Netz eingeheilt; die Bauchwand an der Stelle der Gaze war um
5 mm verdickt. Catgutligaturen und abgeschnürte Gewebspartien sind
nach zehn Tagen in der Regel abgekapselt. Brandschorfe führen zu Adhäsionen mit Netz und Därmen, aber nicht mit der Leber; sie scheinen
daher D. weniger zu reizen, wie die früher erwähnte Jodoformgaze.
es ist dies nach acht Tagen und auch nach zwei Monaten constatirt. Nicht nur
Sublimat- und Carbollösungen, sondern auch Terpentin und Origanumöl
führten nicht zu Adhäsionsbildung. Celloidin befördert Adhäsionsbildung;
doch nach einiger Zeit scheinen sich die Adhäsionen wieder zu lösen. Während
beim Hunde die Anlöthung eines Brandschorfes an die Bauchwand noch
nach Monaten persistirt, wenn die Kohle längst resorbirt ist, ist hier das
Celloidin vollkommen losgelöst und nur die Serosa noch stark verdickt
und mit bindegewebigen Auflagerungen bedeckt.

Stern zeigte, dass Vaselin, Hammeltalg, Paraffin, Olivenöl und Collodium Adhäsionsbildungen des Peritonäum verhindern, also in keiner
Weise abgekapselt werden.

Councilmann, Scheuerlen und Andere führten unter die Haut
oder unter die oberflächlichen Fascien Glasbehältnisse, Glasröhrchen und

dergl. ein, welche als Vehikel für chemisch reizende Substanzen dienten. Sie machen die Angabe, dass diese Fremdkörper in einem cystischen Raum lagen, dass aber durch das Lumen derselben Bindegewebsstränge verliefen.

Eine experimentelle Arbeit, welche die feinsten histologischen Veränderungen behandelt, ist die von Marchand. Er erwies die Entwicklung von Riesenzellen und zwar von echten, den Riesenzellen der Tuberkel analogen Gebilden nach Einlegen von Seidenfäden oder Haaren. Ein Befund, welcher von vielen bestätigt wurde, indem auch beim Menschen in grösserer oder geringerer Entfernung von Seidenligaturen nach Jahren vereinzelte Riesenzellen gefunden wurden. Marchand machte die interessante Beobachtung, dass die Riesenzellenbildung durch das an der Seide haftende Jodoform verhindert werde. Sobald das Jodoform resorbirt ist, treten Riesenzellen auf. Bei Schwammeinheilung traten die Riesenzellen zuerst an der Peripherie auf, gleichzeitig mit der Entwicklung von Fibroblasten und Bindegewebe.

Für die Peritonealhöhle, sowie für das subcutane Zellgewebe wird bezüglich des Baues der Bindegewebskapsel um Fremdkörper erwähnt, dass die äusseren Schichten zellenarmes, faseriges, concentrisch geschichtetes Bindegewebe zeigen, während die innerste, blutgefässreichere, sehr zellreiche Schichte allmählich die fibrilläre Structur einbüsst und einen endothelioiden Charakter annimmt.

Dementiew brachte Eisen in den Kniegelenksraum eines Hundes; dieses lag nach drei Monaten, von geronnenem Fibrin umgeben, unfixirt in dem sonst gesunden Gelenke. Um die von der Kniegelenkshöhle aus in den Femur eingeschlagenen vernickelten Nägel waren die Knorpelzellen absolut unverändert, dagegen in der Epiphyse statt des gelben Markes fettfreies rothes Mark, aus Rundzellen und zahlreichen Osteoplasten bestehend. In unmittelbarer Umgebung des Nagels soll übrigens das Knochengewebe dichter sklerosirt gewesen sein. Die gleiche Veränderung fand er um ein in den Markraum eingeheiltes Schrotkorn. (Die Beobachtung bezüglich der Knochenbildung im Mark steht im Widerspruche mit Tauber, welch letzterer angeblich an älteren Thieren experimentirte.)

Waldenburg studirte die Gewebsveränderungen um Parasiten bei Cyprineen und fand um die homogene Innenmembran Schleimgewebe.

Aus Obigem gienge hervor, dass verschiedene Fremdkörper, insoweit sie überhaupt im Körper so lange verweilen, dass man von einer Einheilung sprechen kann, 1. entweder gar keine merkliche Reaction hervorrufen, wie z. B. die Nähnadel, wofür freilich der histologische Beweis fehlt; (sicher constatirt ist dieses für Stahl in Knorpel (Dementiew), Jodoformpulver (Marchand) in Körperhöhlen,) oder 2. abgekapselt werden. Letzteres geschieht in der Weise, dass neugebildetes Bindegewebe den Fremdkörper umschliesst, oder dass zwischen der bindegewebigen Kapsel und dem Fremdkörper eine grössere Menge einer serösen Flüssigkeit vorgefunden wird, so dass also entweder von Einheilung in eine mehr minder massige Narbe oder von Cystenbildung kurzweg zu sprechen wäre.

Auffallend ist, dass einerseits die Art der Einheilung gleichartiger Fremdkörper bei verschiedenen Versuchsthieren sowohl, als auch bei ein und demselben Individuum in verschiedenen Organen verschieden sein kann, dass aber andererseits doch gewisse Fremdkörper besonders häufig in Cysten, andere wieder in Schwielen angetroffen werden, was nicht nur dazu führen muss, dass Verschiedenheiten der betroffenen Organismen und Organe massgebend sind, sondern dass physikalische, oder soweit die Fremdkörper doch einigermassen löslich sind, auch gewisse chemische Eigenschaften von ausschlaggebender Bedeutung sein dürften.

Es sei jedoch gleich hier hervorgehoben, dass wahrscheinlich noch ein drittes Moment für die Art der Einheilung von Bedeutung ist, indem ja der Organismus unter verschiedenen mechanischen Bedingungen auch verschieden auf Insulte ein und derselben äusseren Schädlichkeit reagirt.

Während gleichmässig in grösserer Ausdehnung der Körperoberfläche anliegende starre Verbände, auch wenn sie knapp anliegen, keine entzündliche Reaction der Haut hervorrufen, reagirt diese sehr bald auch auf den geringsten, wenn ungleichmässigen Druck eines starren Fremdkörpers. Die Wirkung eines solchen wird wesentlich begünstigt, wenn der betreffende Körpertheil bewegt wird und so auf der einen Seite die erodirende Wirkung des Fremdkörpers, andererseits vermehrte hydrodynamische Factoren in den Körpergeweben zu nachtheiliger Wirkung gelangen. Der Druck auf die Haut ist besonders gefährlich an Körpertheilen, an welchen eine dünne Weichtheilschichte dem Skelete aufliegt, indem hier die geringste Druckwirkung kaum durch die Elasticität der dünnen Lage weicher Gewebe corrigirt werden kann, was ja aus dem praktischen Leben jedem Kutscher bekannt ist. Unter den eben erwähnten Verhältnissen kommt es bekanntlich entweder zu Erosionen oder zu Nekrose der Haut, zur Schwielenbildung oder zu jener eigenthümlichen Reaction des Organismus, welche darin besteht, dass sich eine cystische Geschwulst in der Tiefe zwischen den weichen und starren Schichten entwickelt, die wir als Schleimbeutel (Bursa oder Hygroma) bezeichnen.

Diese scheinbar abschweifenden Ausführungen mögen auf den Standpunkt hindeuten, von welchem aus die Wirkung der im Inneren des Körpers verharrenden Fremdkörper betrachtet und verwerthet werden soll.

Ein leichter, chemisch indifferenter, kleiner Fremdkörper, in ein ruhendes Gewebe eingeschoben, ruft keinerlei für das blosse Auge erkennbare Reaction hervor, wie dies die Anlegung dünner oberflächlicher

Suturen lehrt. Bei zunehmender Grösse, Härte und Schwere des Fremdkörpers und bei zunehmender Bewegung und Druckschwankung des
umschliessenden lebenden Gewebes kommen allmählich traumatische Entzündung und andererseits Erosionen (Usuren) rings um den Fremdkörper
zu Stande, genau so wie dies an der Körperoberfläche bei äusseren Insulten der Fall ist. Wie an der Haut secundär Schwielenbildung oder ein
Substanzverlust resultiren kann, haben wir ähnlich entgegengesetzte Veränderungen auch im Inneren des Organismus zu erwarten; — es müsste
denn gar keine Gewebsreaction erfolgen, wie von einigen Autoren für
Nadeln und in seltenen Fällen auch für andere Fremdkörper speciell
in Bezug auf Bindegewebe, Epidermis, ja sogar Gehirn und Knorpel angegeben wird.

Eigene Casuistik.

Histologische Untersuchungen über die Abkapselung fremder Körper.

Auf Grund der eigenen Beobachtungen und Untersuchungen mögen
die älteren Angaben über die Veränderung einzelner Gewebe, über die
Entwicklung von Schwielen und Cysten, über Riesenzellenbildung und die
Entstehung von Endothel in Cysten ergänzt werden.

Zur fortgesetzten Beobachtung der Fremdkörpereinheilung regte zumal ein Fall des klinischen Ambulatoriums an, welcher sich vor 4 Jahren
ereignete. Ein junger Bursche kam mit einer beiläufig taubeneigrossen,
zartwandigen cystischen Geschwulst in der Ellenbeuge, über welcher die
Haut geschmeidig und verschiebbar war. Ein Trauma, Verletzung mittelst
Scherben einer Fensterscheibe, ging um mehrere Monate voraus. Die
kleine Wunde war rasch p. p. verheilt; die Geschwulst war später allmählich entstanden und erregte nur in Folge ihrer Grösse unwesentliche
Beschwerden. Bei der Incision entleerte sich aus der glattwandigen Cyste
klares Serum und ein vollkommen loser, vorher offenbar ballotirender,
sehr spitzer Glassplitter.

An jene Beobachtung schliesst sich eine Reihe anderer analoger:
es seien jedoch nur die mehrmonatlichen Einheilungen von Glas genauer
mitgetheilt; ergänzend wegen Beschreibung histologischer und anderer
Details werden auch einige Fälle von Einheilung anderer Gegenstände
Erwähnung finden.

Ausser dem soeben erwähnten Falle wären noch die folgenden aufzuzählen:

2. Ein 13jähriger Knabe (Amb.-Prot.-Nr. 1844, a. 1888) trug durch ¾ Jahre
im subcutanen Zellgewebe des Kopfes eingeheilt einen dreieckigen, beiläufig 1 cm
langen, ½ cm Basis zeigenden Glassplitter, welcher, von minimaler Serummenge
umgeben, in einer zarten Bindegewebskapsel lag.

3. Ein 26 Jahre alter Ziegeldecker, K. G., kam im Mai 1889 mit der Angabe, dass er vor fünf Monaten mit einem Bierglase gegen die Finger seiner rechten
Hand geschlagen wurde und an der Dorsalseite des ersten Interphalangealgelenkes

des vierten Fingers eine kleine Wunde erhalten habe, welche in kurzer Zeit verheilt sei. Vor vier Wochen traten zum ersten Male Beschwerden, Gefühl des Stechens zugleich mit einem derben Infiltrate der Haut an der früher bezeichneten Stelle auf; Druck erzeugt stechenden Schmerz. Bei Incision zeigt sich inmitten des derben Infiltrates neben minimaler Quantität seröser Flüssigkeit ein 7 mm langes, 4 mm breites, an einem Ende sehr spitzes Glasstück.

4. Ein 10jähriges Mädchen (Amb.-Prot.-Nr. 1694, a. 1889) hatte sich vor fünf Wochen einen Splitter einer Fensterscheibe unter die Stirnhaut gerannt. Derselbe heilte reactionslos ein; später brach die Narbe wieder auf, der Splitter wurde gesehen, verschwand dann wieder; jetzt sieht man aus einer kleinen Hautlücke das Glas vorstehen. Dilatation der Lücke durch Schnitt, Extraction des Splitters, der in einem serumbefeuchteten Cavum liegt; kein Eiter.

5. Ein 33jähriger Feuerwehrmann (Amb.-Prot.-Nr. 1983, a. 1889) hatte sich vor Monaten beim Einsteigen durch ein Fenster einen Glassplitter in das linke Knie, genau über der Patella, gestochen. Auf Application von Salben heilt die kleine Wunde, ohne zu schmerzen; es blieb jedoch eine knotige Verhärtung an dieser Stelle zurück. Seit zwei Monaten traten stechende Schmerzen beim Beugen und Knien auf. Exstirpation des quer über der Kniescheibe liegenden, länglichen Knotens, in welchem der 16 mm lange Glassplitter innerhalb eines kleinen cystischen Raumes gefunden wird. Diese in toto exstirpirte Bindegewebskapsel wurde sorgfältig aufgeschnitten, die Innenfläche mit Arg. nitricum-Lösung 5:1000 behandelt, mit 0.7percentiger Kochsalzlösung gewaschen, in Alkohol gehärtet; hierauf wurden Schnitte der Innenwandung angefertigt. Der mikroskopische Befund der mit Pikrocarmin gefärbten Flächen- oder Schrägschnitte war folgender: Die äusseren Schichten der Cystenwandung fasriges Bindegewebe, nach der Innenfläche zu faserärmeres, zellen- und gefässreicheres Gewebe. Die Zellen des Bindegewebes nehmen an Grösse und Rundung zu, so dass die Zellen der Innenfläche schliesslich sogar einen Durchmesser von 30 μ haben, übrigens verschieden gross, rund bis birnförmig sind und grosse elliptische, sogar zwei bis drei Kerne zeigen. Sie sind endothelioid angeordnet und liegen so nahe an einander, dass zwischen ihnen kein fasriges Zwischengewebe zu sehen ist. Die ziemlich diffuse Silberfärbung lässt doch deutliche Zellgrenzen erkennen. Auf dem Querschnitte erscheint es, wie wenn die oberflächlichsten Zellen gegen die freie Fläche hin keine Zellcontour besässen und so der Zellleib direct in eine homogene, doch von Silberkörnchen durchsetzte Masse überginge. Dicht unter der endothelioiden Schicht ist eine sehr gefässreiche Schicht (s. Taf. I, Fig. 1).

6. Ein junger Mann, A. O. (Amb.-Prot.-Nr. 2699, a. 1889), war vor vier Wochen in ein Auslagefenster gefallen. Die stark blutende Wunde des rechten Handgelenkes, dorsalwärts von der Radiusepiphyse, verursachte ihm keine Schmerzen, soll aber später einmal etwas Weniges geeitert haben. Patient fühlte central von ihr eine umschriebene Härte. Heute ist die Wunde mit Blutkrusten bedeckt und man fühlt 1 cm oberhalb derselben die Spitze eines unter der Haut liegenden Fremdkörpers. Bei der Incision zeigt es sich, dass es sich um einen 2 cm langen Glassplitter handle, welcher unter der oberflächlichen Fascie in einem vorgebildeten Cystenraum, welcher wieder mit der Sehnenscheide des Radialis externus communicirte, liegt. Eine geringe Quantität rein seröser Flüssigkeit erfüllt den Raum der ziemlich eng anschliessenden Bindegewebskapsel. Keine Spur von Eiter, keine Communication, überhaupt kein deutlicher Zusammenhang mit der kleinen

eiternden Hautwunde. Die Bindegewebskapsel wurde mit Sublimat-Pikrinsäure, dann in Alkohol gehärtet: Querschnitte, mit Hämatoxylin oder Lithioncarmin gefärbt, zeigen in den äusseren Lagen faseriges Bindegewebe, nach innen zu nehmen die Zellen eine runde oder polygonale Gestalt an, werden grösser und so zahlreich, dass stellenweise kein deutliches Fasergewebe dazwischen wahrzunehmen ist. Sehr zahlreiche Gefässe in der endothelioiden Schicht bis nahe der Innenfläche. An der scharfen Innengrenze hie und da abgeflachte Zellen und regelmässige, wenn auch äusserst zarte Faserzüge. (S. Taf. II. Fig. 5.)

7. Der 17jährige A. M. (Ambulanz, Mai 1889) war vor zwei Monaten mit der Hand in ein Fenster gerannt, worauf eine profuse Blutung entstand. Die kleine Wunde war nach acht Tagen geheilt; es trat aber Schwellung auf, welche die Beweglichkeit der Finger behinderte, um sich bald wieder zu bessern, so dass Patient jegliche Arbeit (Holzhacken, Stiefelputzen) verrichten konnte. Später trat wieder eine Anschwellung auf. Nach Incision in die schwielig verdickte Haut der Vola gewahrt man einen $2^1/_2$ cm langen Glassplitter, welcher ziemlich senkrecht auf die Oberfläche stand. Bei der Incision entleert sich keine Flüssigkeit; man sieht blos eine membranartige Umhüllung des Glassplitters, welcher auf einer Seite matt geschliffen ist.

8. Stahlnadeln. Bezüglich der excidirten, durch längere Zeit eingeheilt gewesenen Nadeln wäre zu erwähnen, dass dieselben entweder in einem kleinen, serumerfüllten Bindegewebscanale von verschieden dichter Wandung lagen, oder aber direct in einer kleinen Schwiele, ohne dass ein erheblicher Flüssigkeitserguss vorhanden war. Eine sechs Monate in der Cutis des Daumens gelegene Nadel war von einer dichten, aber zugleich sehr zarten Bindegewebskapsel eng umschlossen; das Oehr war nicht von Bindegewebe durchwachsen. Bei einer anderen im Daumen steckenden Nadel bestand cystische Abkapselung. — Eine derbe Bindegewebskapsel, welche eine monatelang eingeheilte Nadel nebst etwas Serum umschloss, exstirpirte ich einmal einer erwachsenen Frau aus der Vola manus nahe dem Handgelenke. Die histologische Untersuchung der in Sublimat-Pikrinsäure, hierauf in Alkohol gehärteten Wandung liess in den äusseren Schichten concentrische Bindegewebszüge mit massenhaftem Pigment erkennen, die innere gefässreiche Schichte zeigte grössere Zellen mit deutlichem, häufig in Theilung begriffenem Kern, in Maschen des spärlichen, unregelmässig angeordneten Fasergewebes. Die innerste Grenze ist stellenweise von endothelioiden Bindegewebszellen oder von einer zarten Faserlage gebildet (s. Taf. II, Fig. 2 u. 3.) Rücksichtlich des erwähnten reichlichen braunrothen Pigmentes in den äussersten Fasernlagen wäre zu erwähnen, dass dasselbe eine so intensive Eisenreaction (mit gelbem Blutlaugensalz und Salzsäure) gab, wie dies bei einem alten Hämatom, welches zur Controle untersucht wurde, nicht der Fall war: so dass es zweifelhaft sein muss, ob hier nicht vom Fremdkörper stammendes Eisen abgelagert ist.

Ein wenige Millimeter langes Nadelfragment fand sich in einer schwieligen Narbe am Ulnarrande der Mittelhand einer Hysterica.*)

---

*) Der Fall hatte insoferne ein gewisses technisches Interesse, als es hier vollkommen unmöglich war, den Fremdkörper zu tasten. Es bewährte sich hier wieder die Anwendung der astatischen Nadel nach vorhergehender Magnetisirung des Nadelstückchens, wie ich dieses auf der Kocher'schen Klinik kennen lernte, ein Verfahren, welches

Gleichfalls in einen harten, schwieligen Knoten eingeheilt, lag ein unregelmässiger Eisensplitter in der Phalanx einer Arbeiterhand. Beiläufig sei bemerkt, dass Eisen stets deutlich oxydirt war, sogar wenn es nur kurze Zeit im Körper steckte.

Bei einem einjährigen Kinde, Amb.-Prot.-Nr. 3483, a. 1889, fand sich oberhalb des Nabels ein 2·1 cm langes, senkrecht im Bauch steckendes Nadelfragment. Das Ende war eben noch in der Bauchwand zu tasten. Bei der Incision durch Haut und Muskulatur, zeigte es sich, dass die Nadel respiratorische Schwankungen machte. Sie konnte mit mässigem Zuge aus der Tiefe des Abdomen extrahirt werden. Auffallend war, dass der in der Bauchwand steckende Theil der Nadel viel stärker oxydirt war als der längere, welcher in der Peritonealhöhle gelegen haben musste. Die Nadel war nur vierundzwanzig Stunden lang eingestochen gewesen. — Sticht man bei Kaninchen Eisennadeln in und durch die Bauchwand, so findet man nach sieben bis acht Stunden, dass die Oxydation der Nadeln sehr verschieden ist, je nachdem die Nadel in Bauchwand, Bauchhöhle oder einem Bauchorgane steckte. Besonders auffallend ist die minimale Oxydation bei einem frei zwischen fetten Dünndärmen liegenden Nadeltheil und dagegen die sehr starke Oxydation innerhalb der Schichten der Bauchwand. Eine Beobachtung, welche für den gerichtlichen Mediciner nicht bedeutungslos sein dürfte, zumal wenn der Chemismus in einzelnen Körperregionen oder Organen ein constanter ist.

9. Ein wegen des pathologisch-anatomischen Befundes bemerkenswerther Fall von Einheilung eines Bleistückes ist der folgende:

(Klinik Billroth Prot.-Nr. 379, a. 1889). V. H., 21jähriger Tischlergehilfe aus Mähren, stammt aus gesunder Familie. Vor 7 Jahren zog er sich eine Verletzung im ersten Intermetacarpalraum der linken Hand durch Schuss mit einer Schlüsselbüchse zu. Der röhrenförmige Theil eines grossen Schlüssels wurde, nach Entfernung des Griffes, auf einer Seite mit Blei zugegossen und oberhalb des Bleiverschlusses ein Zündloch ge- feilt; nun wurde Pulver eingefüllt und darauf kam ein Lehmpfropf. Während der Kranke dieses Instrument mit der linken Hand hielt, entzündete er mit der rechten vom Zündloch aus. Bei der Explosion erlitt er eine wenig blutende Wunde ulnar- wärts von der Basis des linken Daumens, welche unter Anwendung von Arnica und Zwiebeln in drei Wochen heil war. Späterhin will Patient in der kleinen Narbe einen harten Knoten bemerkt haben, welcher ihm nur beim Anstossen Schmerz ver- ursachte. Seit zehn Monaten jedoch soll an Stelle des Knotens eine sich langsam vergrössernde Geschwulst entstanden sein, in welcher der Kranke bei raschen Be- wegungen der Hand ein Stossen empfindet.

Man findet in der Vola der kräftigen Arbeiterhand des Patienten zwischen linkem Daumen und Zeigefinger eine hühnereigrosse, wenig verschiebbare, fluctuirende Geschwulst, über welcher die blasse Haut etwas schwielig verdickt und gespannt ist. Beim Rütteln der Hand hört man in derselben ein brummendes Geräusch und fühlt sehr deutlich das Balottiren eines fremden Körpers. Die Adduction des Daumens ist durch die Grösse der Geschwulst behindert (s. Taf. III, Fig. 6).

Am 8. Juli 1889 wurde in Narkose, bei Esmarch'scher Blutleere, in der Vola ein Längsschnitt über die Geschwulst geführt; man gelangt im subcutanen Zell- gewebe auf die bläulichweisse Bindegewebswandung einer birnförmigen Cyste. Die Haut ist nur an der Stelle der kleinen Narbe an der Basis der Grundphalanx des

in England schon seit Jahrzehnten geübt wird. Die Nadel war schon von verschiedenen Aerzten gesucht und nicht gefunden worden. Unter Leitung der astatischen Nadel gelang es, dieselbe ohne längeres Suchen zu finden (s. A. Smee: On the detection of needles and other steel instruments impeded in the human body H. Renshaw. Strand. Lond. 1845.)

Daumens etwas inniger mit der Cystenwand verwachsen, lässt sich jedoch schnell und leicht von derselben abpräpariren. Der centrale spitzere Theil der Cyste ist von Fasern des Adductor pollicis überlagert, welche zum Zwecke der Auslösung der Geschwulst radialwärts verzogen werden müssen. Es gelingt, die ganze Geschwulst sammt dem in den Carpus hinabreichenden Fortsatz auszulösen, ohne eine Sehnenscheide oder ein Gelenk zu eröffnen. Drainage der Wunde, Hautnaht. Patient wird am 15. Juli geheilt entlassen. Die exstirpirte Geschwulst hat deutliche Birnform; eine in loco bestehende sanduhrähnliche Einschnürung ist nach Durchschneidung einiger Faserstränge verschwunden (s. Fig. 7).

Beim Aufschneiden der Cyste entleerten sich bernsteingelbe seröse Flüssigkeit, weissgelbliche krümelige Massen und ein Metallstück. Die derbe Innenwand der Cyste ist gelblichweiss, uneben, zeigt stellenweise trabekelartige oder runzelige Vorwölbungen, welche eine höckerige Oberfläche besitzen, während andere Stellen wieder glatt erscheinen.

Die chemische Untersuchung der bernsteingelben Flüssigkeit ergab, dass dieselbe sehr reich an Eiweiss und Mucin war. Es fanden sich überdies Spuren von gelöstem Blei (Dr. Smita). Zucker war nicht vorhanden. Die mikroskopische Untersuchung der weichen Krümmel ergab: Detritus zerfallener körniger Zellen, rothe und weisse Blutkörperchen. Die Blutkörperchen dürften beim Aufschneiden der Cyste hineingelangt sein, indem aus der Schnittwunde der Wand etwas Blut aussickerte. Der in der Höhle gelegene Fremdkörper besass cylindrische Form, war 21 mm lang, Durchmesser 9 mm und bestand im Wesentlichen aus Blei. Er hatte eine ziemlich glatte, nur von seichten Furchen und Grübchen unterbrochene Oberfläche, welche eine graue, stellenweise schwach braune Farbe — und nirgends Incrustationen — zeigte (s. Fig. 8).

Die Cystenwand wurde zur histologischen Untersuchung theils mit 0·5%iger Argentum nitricum-Lösung (wenige Minuten darnach in 7%iger Kochsalzlösung), theils mit 0·5%iger Acid. hyperosmicum-Lösung (nachher in Alkohol gehärtet) behandelt, theils direct in Müller'scher Flüssigkeit aufbewahrt. Verschieden geführte mit Hämatoxylin oder Lithion-Carmin gefärbte Schnitte lehrten, dass die Cystenwand zum grössten Theile aus concentrisch angeordnetem gefäss- und zellarmem Bindegewebe besteht; blos die innersten Lagen sind zellreicher; das Fasergewebe verliert nahe der Oberfläche in einer Schichte, welche sehr gefässreich ist, seine regelmässige concentrische Anordnung scheint sogar stellenweise radiär angeordnet, meist aber vollkommen unregelmässig. Schliesslich geht die fibrilläre Structur verloren, so dass im innersten Stratum um die Zellkerne eine undeutliche, keine bestimmte Structur aufweisende Masse als Zwischengewebe zwischen den unregelmässigen Zellen wahrgenommen wird. Diese Zellen haben meist einen deutlichen Kern, während die Zellgrenze nicht immer deutlich ist. Mitunter sieht man Lücken, aus denen offenbar Zellen ausgefallen sind. Zwischen dieser innersten Schichte und der früher erwähnten gefässreichen Schichte stellenweise eine verschieden dicke Lage von enge aneinander liegenden endotheloiden Zellen, deren Kittsubstanz durch Silberfärbung deutlich wird, deren Zellkerne an der Oberfläche hier und da in Theilung begriffen sind (s. Fig. 9 und 10).

An dem Bleistück war keine Spur von Kalkniederschlag. Ich hatte keine Gelegenheit, Kalkniederschläge an eingeheilten Fremdkörpern zu beobachten, wohl aber in reichlicher Menge einmal um eine in einem Abscesse der rechten Fossa iliaca liegende Stahlnadel, welche offenbar vom Coecum her perforirt hatte. Fischer gibt Kalkincrustationen der Projectile auch nur in Fällen lange dauernder Eiterung an.

Ein anderer Fremdkörper, welchen ich in einem cystischen Raume eingeheilt sah, war ein langer, in einer Resectionswunde zurückgelassener Stahlnagel, welchen Mac Ewen exstirpirte. Häufig sind Stahlnägel, welche in den Knochen eingeschlagen werden, auch noch nach 5—6 Wochen vollkommen fest in den Knochen eingekeilt, so dass die Extraction sogar Schwierigkeiten bereitet.

Die Befunde an menschlichen Präparaten wurden durch Untersuchungen von Thierpräparaten vervollständigt. Die bezüglichen Experimente hatten einerseits den Zweck, die genaue Gewebsveränderung um einige Fremdkörper zu studiren, andererseits, die Verwendbarkeit, speciell des Glases, für therapeutische Zwecke zu erproben.

Es werden hiemit im Folgenden einige Befunde beispielsweise angeführt:

1. Glassplitter im Zellgewebe des Nackens, des Rückens, oder unter die Fascia der Regio glutea gebracht, heilten bei einem Kaninchen p. p. ein. Der Befund zwei Monate p. op. war folgender: Die scharfkantigen Splitter lagen an den betreffenden Körperstellen in wenig Flüssigkeit enthaltenden Cysten, deren Wandung von einer weissen, dünnen Bindegewebskapsel gebildet wurde, deren Innenwandung so glatt war wie eine Serosa und wie diese glänzte. Nach Alkoholhärtung wurden Querschnitte und Flächenschnitte durch die Kapsel geführt; auf den Querschnitten war deutlich concentrische Schichtung der Bindegewebszüge, nahe der Innenfläche zahlreichere runde Zellen, jedoch keine endotheliale Zellanordnung zu erkennen. In den Flächenschnitten war in der oberflächlichsten Schichte auffallend, dass die Faserung weniger deutlich wurde, dass relativ grosse, meist spindelförmige Zellen und ausserordentlich zahlreiche kleinste Gefässchen vorhanden waren.

2. Drei scharfkantige Glassplitter, einem Hunde in die rechte Regio glutea, unter die Bauchhaut, ein dritter in die rechte Axilla implantirt, lagen nach zwölf Tagen in cystischen Bindegewebskapseln mit serösem, eiweissreichem Inhalte. Nach Härtung in Alkohol zeigen sich in der innersten Schichte reichlich grosszellige Gebilde von endotheloidem Charakter, sehr zahlreiche Gefässe, welche vielfach sich verzweigend bis an die Oberfläche reichen, so dass manchmal die Gefässe frei zu liegen scheinen. Vielfach liegen zwischen endotheloiden Zellen rothe Blutkörperchen.

3. Ein Glassplitter, zwischen den Bauchmuskeln eines Kaninchens eingeheilt, war nach zwei Monaten von einer Serum enthaltenden dünnwandigen Bindegewebskapsel umhüllt, welche eine glatte, glänzende Innenfläche aufwies.

4. Ein Glassplitter in der Bauchhöhle eines Kaninchens war nach neun Tagen in Omentum gehüllt und fixirt.

5. Ein cylindrisches solides Glasstück mit abgerundeten Rändern wird einem Hunde in den Zwischenraum zwischen den Fractur-Enden des linken Femur (aus dem ein Stück mit der Kettensäge resecirt wurde) eingelegt. Etagen-Naht, Jodoformgaze, Gipsverband. Nach sechs Wochen: Hochgradige Pseudarthrose. Bedeutende Verkürzung der Extremität, cystische Räume um die vernarbten, verschobenen Knochenenden, welche beiläufig 1 cm weit in jene vorragen. In einem Recessus des Raumes über dem peripheren Fragmente liegt der Glascylinder. Ein Theil der Wandung in Sublimat-Pikrinsäure, danach in Alkohol gehärtet, zeigt mikroskopisch dünne Lagen faserigen Bindegewebes mit ungleich zahlreichen Bindegewebszellen, die nur an einigen Stellen, z. B. gerade in dem Recessus um den Fremdkörper auf der Innen-

fläche zahlreicher sind, ohne jedoch einen exquisit endothelialen Charakter zu besitzen. Auffallend ist, dass die Faserung des Zwischengewebes zwischen den Kernen an der Oberfläche verschwindet, so dass hier keine deutliche Structur wahrzunehmen ist. Die mikroskopische Untersuchung der oberflächlichen Knochennarbe lässt nur Fasergewebe erkennen.

6. Bei einem Hunde wurde zwischen die Fractur-Enden eines Humerus ein Glasstück eingelegt. Nach zwei Monaten bestand gleichfalls Pseudarthrose, jedoch bei geringer Eiterung.

7. Bei einem anderen Hunde wurde zwischen die Fragmente des Unterschenkels ein abgerundeter Glascylinder eingelegt. Wundheilung p. p. im Wasserglasverband. Fünf Monate später Pseudarthrose.

8. Einem Kaninchen wird eine dünnwandige Glasmuschel zwischen die Fractur-Enden der Vorderarmknochen gesteckt. Gypsverband. Nach einem Monate Fractur geheilt. Bei der Section fünf Monate p. op. zeigt es sich, dass die zahlreichen zarten Splitter der zerbrochenen Glasmuschel in dem massigen Knochencallus liegen.

9. Kaninchenversuch: Glaswolle an Stelle des resecirten rechten äusseren Femurcondyls ins rechte Kniegelenk gestopft; Muskelnähte, Hautnähte. Befund vier Wochen post operat.: Kniegelenk äusserlich und in seiner Beweglichkeit unverändert. Nach der Entfernung der Haut an den tiefen Weichtheilen keine Zeichen früherer Verletzung. Querschnitt durch das Knie unterhalb der Menisken, diese sowie die Tibiagelenkfläche blass, von Serum feucht. Jedoch kein abnormer, etwa hydropsähnlicher Erguss. Nach Abtrennung der Menisken sieht man die blasse, glatte Oberfläche des inneren Femurcondyl unverändert, an Stelle des äusseren eine wie gekautes Weissbrod aussehende Masse, welche annähernd die Form des äusseren Condyls besitzt, indem die Oberfläche abgerundet ist. Die Patella mit der zugehörigen Sehne gleitet in einer seichten Rinne der erwähnten Masse zwischen den beiden Condylen. Die Knochengrenze gegen die fremde Masse blutreicher als die übrige Knochenoberfläche, in Gestalt einer schmalen rothen Linie kenntlich. Sonst aber nirgends im ganzen Gelenk Zeichen einer Entzündung. Nirgends Blutextravasat, nirgends Eiter. Blos Gelenkfeuchtigkeit.

Mikroskopische Untersuchung: 1. Von den oberflächlichen Partien der Glaswolle wird ein Partikel mit Hämatoxylin gefärbt. Man erkennt blos Detritus zwischen Glas; keine gefärbten Zellen zu erkennen. 2. In Schnittpräparaten des in $1/2^0/_0$iger Chromsäure entkalkten Kniegelenkes speciell der Randzone des Knochendefectes reichliche Blutgefässe zwischen den Wollfasern und endothelioide Zellen mit einer glasigen Zwischensubstanz. Die Knochensubstanz rareficirt. Nirgends fetthaltiges Mark.

10. Einem Kaninchen wurde Glaswolle in die Adductoren des Oberschenkels implantirt; Etagennaht. Nach sechs Wochen war vollkommene Einheilung erfolgt, so dass die Schnitte in den einzelnen Weichtheillagen nicht mehr constatirt werden konnten. Die Wolle war innigst in der Musculatur fixirt, keine Spur von einem cystischen Hohlraume, überhaupt kein Serum nachweisbar, indem auch das Centrum der Fremdkörpermasse trocken war, dabei braunschwarz und bei der oberflächlichen Betrachtung anscheinend nicht von Bindegewebe durchwachsen. Härtung in $1/2^0/_0$iger Chromsäure. In Schnittpräparaten zeigen die zwischen den Wollfasern hineinreichenden Muskelfasern keine Querstreifung, sondern Längsstreifen. Weiter entfernt von der Musculatur lagen zwischen den Glasfasern Bindegewebe, dann rundliche Zellen von

endotheloidem Charakter, mitunter in einer undeutlichen hellen Zwischensubstanz, zugleich sehr zahlreiche Gefässe. An den Glasstäben häufig amorphes Pigment, dasselbe jedoch auch in Zellen. Das Centrum der Wolle enthielt blos Detritus und Pigment. (S. Taf. II, Fig. 4.)

11. Die einem Hunde in den Defect der Spongiosa eines Wirbels gelegte Glaswolle haftete nach acht Tagen innig in derselben, war durchsetzt von Wanderzellen; in den Schnittpräparaten nach Chromsäurehärtung war neben den Wanderzellen auch eine fibrilläre Structur von geronnenem Fibrin zu erkennen. Das Mark in der Nachbarschaft der Knochenverletzung enthielt keine Fettzellen, während in grösserer Entfernung davon solche wahrzunehmen waren.

12. Wurde Glaswolle Kaninchen in die Bauchhöhle gebracht, so war nach einer Woche eine innige Verwachsung meist mit Darm- und Bauchwunde erfolgt.

13. Bleiprojectile und zwar Spitzkugeln mit circulärer Rinne am stumpfen Ende wurden mehrmals Kaninchen in das Unterhautzellgewebe gebracht. In der Gegend der Adductoren oder in inguine waren sie nach vier Wochen in einem mässig derbwandigen Cystenraume zu finden. Die Innenfläche desselben war sammtartig glänzend. Mikroskopisch waren in der innersten Lage des Bindegewebes vergrösserte Bindegewebskörperchen zu sehen, die innerste Grenze war in molecularem Zerfalle begriffen. — Eine unter der Rückenhaut eingeheilte Kugel, welche zahlreiche Sprünge und Rauhigkeiten hatte, erwies sich bei der oberflächlichen Untersuchung nach fünf Wochen ebenso beweglich und leicht verschieblich, wie dies bei den früher erwähnten Kugeln der Fall war. Die genaue Präparation ergab jedoch, dass sie in keinem Cystenraume lag, sondern von einer zarten feinen Bindegewebsschichte überzogen, in dem lockeren, subcutanen Fasergewebe eingewachsen und sammt diesem verschieblich gewesen war.

14. Ein etwa 1 cm langes, wenige Millimeter dickes, cylindrisches Holzstück lag ein und ein halb Jahr unter der Rückenhaut eines Kaninchens eingeheilt; indem keine Spur von Entzündung vorhanden war, umschloss nur eine äusserst dünne, aber deutlich abgegrenzte, weisse Bindegewebskapsel den Fremdkörper. Die Bindegewebskapsel lag der glatten Oberfläche des Holzes nicht unmittelbar an, es war etwas Serum in der Cyste enthalten, blos an beiden unebenen Querschnitten des Holzes haftete die Kapsel so fest, dass sie losgerissen werden musste, wobei etwas Blut aus den zottenartigen Gebilden, welche in den Poren des Holzes festgewachsen waren, austrat. Die Cystenwand wurde mit 2⁰/₀₀ Argentum nitricum-Lösung behandelt, auf Kork gespannt, in 6⁰/₀₀ Kochsalzlösung gewaschen. Es gelingt das silbergefärbte Innenhäutchen abzuziehen. Flächenpräparate lassen Fasergewebe und verschieden grosse, nicht besonders zahlreiche Zellen, keine endothelartige Anordnung erkennen. Querschnitte durch den glatten Theil der Cyste zeigen aussen lockere Bindegewebszüge, zahlreiche Gefässe, innen etwas grössere, endotheloide Zellen, zwischen denen structurloses Zwischengewebe. Die Stelle der Adhäsionen an das Holz enthält sehr zahlreiche und grosse mehrkernige Zellen, reichliche Gefässe, die auch in die zottenartigen Bindegewebssprossen hineinziehen.

(Die zu den Thierexperimenten verwendeten Fremdkörper waren stets sterilisirt.)

Es handelt sich somit bei Glassplittern, überhaupt glatten Flächen oder scharfen Kanten eines nicht besonders schweren Fremdkörpers, stets um Einkapselung in eine zarte, innen glatte Bindegewebskapsel, wenn der Körpertheil keinen Insulten ausgesetzt ist; ist letzteres der Fall, so ist eine grössere Serummenge vorhanden, oder die Kapsel sehr verdickt. Schwerere Bleistücke liegen entweder in derbwandigeren, nicht vollkommen glatten Cysten, oder sind eng von einer Bindegewebskapsel umschlossen mit dieser im Zellgewebe verschiebbar. Nadeln liegen je nach der Beweglichkeit der Weichtheilpartie in dünnen oder dicken Bindegewebskapseln, die meist deutlich Serum enthalten. Poröses faseriges Materiale ist von grosszelligem Bindegewebe durchwachsen.

Die auf die Histiogenese der Fremdkörperumhüllung bezüglichen Arbeiten sind zum Theile schon erwähnt worden:

Tillmanns hat in seinen Abhandlungen über die Auskleidung seröser Höhlen und wieder über Einheilung fremder Substanzen speciell todter Gewebsstücke in die Peritonealhöhle die feinere histologische Beschaffenheit jener, die pathologischen Veränderungen dieser in exacter Weise klargelegt. Was zunächst die Abkapselung von todten Gewebsstücken in der Bauchhöhle betrifft, so erläutert er die Bildung von Bindegewebskapseln in folgender Art: Die Bildungszellen für dieselbe seien farblose, ausgewanderte Blutkörperchen, welche anfangs rund, dann so aneinander gepresst sind, dass sie epithelartig aussehen, stark gekörnt, einen grösseren oder mehrere kleinere Kerne besitzen, ja manchmal sogar in grösserer Zahl zu einem gleichmässig granulirten Bildungsmaterial verschmelzen. Die Bildung der fibrillären Substanz geschehe (indem sich T. der Ansicht Ziegler's, Schwan's und Schulze's anschliesst) immer von Seite der Zellen durch Differenzirung ihres Protoplasmas, während in der Intercellularsubstanz, soweit sie nicht als metamorphosirtes Zellprotoplasma aufzufassen ist, nach T. und Ziegler keine Fibrillenbildung erfolgt. Ausnahmslos sei die Oberfläche des implantirten Gewebsstückchens in einer bestimmten Zeit mit endothelartig zusammenliegenden Zellen bedeckt.

Ganz im Gegensatz zu dieser Erklärung der Entstehung der fibrillären Substanz bei Fremdkörpern steht die Ansicht von Weiss (Padua), welcher Haare oder Baumwollfäden unter die Haut von Hunden oder Tauben einführte, um die Gewebsveränderungen nach 15, 30 bis 45 Tagen zu untersuchen. (Er erhielt übrigens mit Ausnahme eines Falles stets Eiterung.) W. gibt an, dass sich unmittelbar an den Fremdkörpern Riesenzellen bilden, deren Entstehung er durch Zusammenfliessen mehrerer kleiner Zellen erklärt, letzteres deshalb, weil die Fremdkörper häufig in den Riesenzellen liegen. Weiters: Die Zellen, welche als Bildungsmaterial dienen, sind Granulationszellen. Dieselben werden mit der Zeit zu epitheloiden runden oder polygonalen Zellen mit feinkörnigem Inhalt, mit zwei bis fünf ovalen, feinkörnigen Kernen, und diese epitheloiden Zellen confluiren schliesslich zu Riesenzellen. Drittens: Die Riesenzellen sind immer der fettigen Metamorphose verfallen und verwandeln sich weder in Bindegewebe, noch in Blutgefässe. Ziegler lässt die Riesenzellen zwischen seinen

Glasplatten aus weissen Blutkörperchen entstehen. Weiss meint, Z. hätte die Riesenzellen auch ausserhalb jenes Capillarraumes finden können.

Was die Riesenzellenbildung betrifft, so wäre zu erinnern, dass Haidenhain der Erste war, welcher bei Fremdkörpern Riesenzellenentwicklung beobachtete. Baumgarten fand solche um Ligaturfäden nach Arterienunterbindung und fasst sie als echte Tuberkel-Riesenzellen (Langhanns) mit wandständigen Kernen auf. Marchand fand bei seinen Versuchsthieren um die eingeheilten Seidenfasern oder Schwammpartikel neben mehrkernigen epithelialen Zellen, gleichfalls echte Riesenzellen mit randständigen, 20 bis 30 und mehr Kernen. Er fasst die FremdkörperRiesenzellen im Gegensatze zu Ziegler, Tillmanns, Cohnheim, welche dieselben aus weissen Blutkörperchen hervorgehen lassen, als aus fixen Gewebszellen entstanden auf, nicht aber wie Weiss als aus lymphoiden, respective Granulationszellen, sondern aus endotheloiden Zellen. Indem er so die Riesenzelle als eine wirklich lebende Zelle, nicht wie Andere (Arnold, Thoma) als Degenerationsproduct ansieht, denkt er sie mit Virchow, Baumgarten, Flemming u. A. als durch Wachsthum einer einzigen Zelle entstanden.

Meine Untersuchungen hatten den Zweck, die makroskopischen Veränderungen in der Umgebung des Fremdkörpers, nebenbei auch die histologischen Befunde nach erfolgter Einheilung zu studiren. Ueber den eigentlichen Process der Einheilung und die Betheiligung der einzelnen Gewebselemente — die vorerwähnten Theorien der Bindegewebs- und Riesenzellenbildung — kann ich daher nur beiläufig meine Ansicht aussprechen.

In den Bildern, welche ich von früheren Stadien der Einheilung compacter Fremdkörper im umschliessenden Gewebe sah, stellten die enganliegenden Zellen mit den Gefässschlingen zwischen denselben eine Art Granulationsgewebe dar. In der dritten Woche trägt die innere Schichte bereits den Charakter endothelioider, verschiedengrosser Zellen, ohne oder mit spärlichen Fibrillen zwischen denselben — wenn nicht die oberflächlichste Schichte, in stetem Zerfalle begriffen, eine structurlose Masse darstellt.

Indem in den älteren Präparaten die allmäligen Uebergänge von den endothelioiden Zellen der Innenschichte bis zu den zarten Bindegewebskörperchen der äusseren fibrösen Lagen wahrzunehmen sind, überdies in den jüngeren Präparaten von Fremdkörpercysten, sowie in der eingeheilten Glaswolle die endothelioiden Zellen gleichzeitig mit der Entwicklung eines sehr reichen Gefässnetzes beobachtet wurden, ist für mich kein Grund vorhanden, die Entstehung der endothelioiden Zellen aus Bindegewebszellen durch Proliferation der letzteren zu bezweifeln.

Die älteren Präparate unterscheiden sich durch relative Gefässarmuth von denen jüngeren Datums.

Bezüglich der Riesenzellenbildung wäre noch zu bemerken, dass ich echte Tuberkelriesenzellen in den innersten Lagen von Fremdkörpercysten

niemals gefunden habe, wohl aber grössere endothelioide Zellen mit mehreren
Kernen. Jedesfalls zeigt nicht gerade regelmässig die innerste Schichte
Riesenzellenbildung, wie Weiss vermuthet. Höchstens könnte an einzelnen
Stellen von einer solchen Bildung gesprochen werden. Bilder einer scharf
abgegrenzten, wenige rundliche Kerne enthaltenden Protoplasmamasse fanden
sich mehrmals in der endothelioiden Schichte dort, wo die Gefässe undeutlich
werden; die Auffassung dieser als Schnitte durch noch nicht canalisirte
Gefässsprossen konnte nicht ohneweiters von der Hand gewiesen werden.

Die mikroskopische Beobachtung der Cystenwand um Fremdkörper
liess uns meist grosse endothelähnliche Zellen und auch wiederholt eine
wesentlich differente Anordnung der Bindegewebszüge der Innenschichte
gegenüber den äusseren Kapselschichten erkennen. Im Grossen und
Ganzen handelt es sich bei jeder solchen Cyste um concentrisch ange-
ordnete Bindegewebs-Faserzüge — welche bei wenig durch Gewicht
oder unregelmässige Oberfläche reizenden Gegenständen und ruhigen
Thieren (Kaninchen) ziemlich zellarm, bei schweren, rauhen Fremdkörpern
und viel Bewegung (Arbeiterhand) ziemlich kernreich sind — und nach
innen davon Bindegewebslagen, in denen allmählich die concentrische Anordnung der Fibrillen verloren geht, dieselben unregelmässig werden,
zahlreiche Gefässlücken bemerkt werden, während gleichzeitig die Zell-
leiber um die Bindegewebskerne deutlicher und gerundet werden, um
schliesslich unmittelbar an der Oberfläche mehr weniger gedrängt zu
stehen und dabei ganz unregelmässige Wachsthumsvorgänge und Ver-
mehrung zu zeigen. Vielfach ist Zunahme des Zellenleibes mit einer so
bedeutenden Abnahme der fibrillären Zwischensubstanz combinirt, dass
eine ganze Schichte Zellen direct in Contact oder mindestens nur durch
eine sehr geringe Menge structurloser oder äusserst feinfaseriger Zwischensubstanz getrennt zu sein scheint.

Eine scharfe Grenze nach innen zu fehlt häufig; vielfach ist eine
körnige, vielleicht aus dem Zerfalle von Zellleibern und Zwischensubstanz
hervorgegangene Masse zu bemerken, in der noch hier und da ein grosser
Kern wahrzunehmen ist. Dann, wenn die Zellen keine endothelioide Anordnung zeigen, wenn zwischen denselben noch deutlich Bindegewebsfasern
(nicht in concentrischer Anordnung, sondern eher in radiärer) zu sehen
sind, so kann wohl auch die mehr weniger glatte Innenfläche durch eine
solche dünnste Faserlage gebildet sein. Bei enganliegenden, zartwandigen
Bindegewebskapseln um ruhende glatte Fremdkörper ist die Schichte der
vergrösserten Bindegewebskörperchen und deren Zunahme an Zahl sehr
unbedeutend; die zarten Faserzüge sind fast bis an die Innenfläche concentrisch angeordnet.

Niemals wurde bei der Untersuchung älterer Fälle ein als zellige
Infiltration der Wandung zu deutender Befund constatirt; es handelte sich
immer bloss um Grösserwerden der Bindegewebszellen und zum Schluss

um Proliferation (und Degeneration des Protoplasma) derselben; in derselben Reihenfolge um regressive Metamorphosen in der Zwischensubstanz, um Undeutlicherwerden der fibrillären Structur bis zum vollkommenen Schwinden.

Ein eigentliches Endothelhäutchen, wie dieses von Landzert, Boll, Brücke, Reichert, Kölliker, Heincke, besonders von Tillmanns, und zwar gegen Albert, Hüter, Gerlach u. a. für die Innenschichte der Gelenke bewiesen worden ist, konnte Verfasser bei Fremdkörpercysten niemals nachweisen.

Es braucht wohl nicht erwähnt zu werden, dass zur Controle die schönen Bilder, welche Tillmanns und andere der erwähnten Autoren bei Gelenken sahen, wiederholt an günstigen Präparaten hervorgerufen und beobachtet wurden. An den Fremdkörpercysten, auch dann, wenn sie das klarste Serum enthielten und die Wandung vollkommen glatt und glänzend schien, führten die verschiedensten Präparationen, auch die so unverlässlichen Silberbilder nie zu ähnlichen Resultaten, wie z. B. bei den Abstreifpräparaten vom Uebergangstheil der Gelenkknorpel auf die Synovialkapsel. Es scheint sich da niemals um eine solche streng von dem übrigen Bindegewebe differenzirte zellige Auskleidungsschichte zu handeln.

Ebensowenig kann man eine endotheliale Auskleidung der Art, wie sie bei den Hygromen der Sehnenscheiden gefunden wird, wahrnehmen. Bei diesen gelingt es, durch Einspritzung mit $^1/_2$percentiger Silberlösung eine zwei- bis dreischichtige Endothellage grosser, birnförmiger, auch kugeliger Zellen mit grossen, deutlichen Kernen in Glycerinpräparaten nachzuweisen, ein Befund, der in den secundären Hygromen, recte Schleimbeuteln oder accessorischen Bursen nicht zu finden ist, welche vielmehr in ihrer Innenwand an die eben zu beschreibenden Fremdkörperkapseln erinnern, indem die grossen, unregelmässigen, dicht stehenden Zellen ihrer Innenwand, Trabekel und Septa in jeder Beziehung den Charakter der Bindegewebszelle tragen.

Bei Fremdkörpern, welche theilweise in epithel- oder endothel-tragenden physiologischen Hohlräumen (Drüsen, Sehnenscheiden, Gelenken) stecken, ist ein Vorrücken dieses Epithels oder Endothels auf den übrigen Wundraum - so eine resultirende wahre Epithelauskleidung der Wandung — vom theoretischen Standpunkte aus gewiss denkbar; ich habe über ein solches Vorkommen keine Erfahrung.

Ist die Läsion gross, so bietet die innere Wand das Bild der Bindegewebs-Usur mit steter Reizung und Zerfall der innersten Schichte; ist der Fremdkörperinsult gering, so sind nur geringe Reizungserscheinungen (Zellproliferation) im fibrillären Gewebe wahrzunehmen.

Die Vertheilung der Gefässe ist in hohem Grade bemerkenswerth. Die Gefässarmuth der Aussenschichten der Kapsel, der ausserordentliche

Reichthum der inneren Lagen in allen Fällen; es bestehen jedoch Verschiedenheiten der Endigung und Vertheilung der Gefässe in der gefässreichen Innenschichte, während einmal die Gefässenden offenbar nicht bis ganz an die Oberfläche vordringen, sie im Gegentheil hier zwischen den oberflächlichsten endothelähnlichen Zellen vermisst werden, ist in Fällen jüngeren Ursprungs das besondere reiche Gefässnetz so oberflächlich, dass überhaupt nicht die Ueberzeugung gewonnen werden kann, dass über der Gefässwand noch eine Zelllage sich befindet.

Betrachten wir vom teleologischen Standpunkte die Gewebsveränderungen am Ende der Fremdkörper-Einheilung, so ist zu constatiren, dass im Allgemeinen der Organismus trachtet, den fremden Gegenstand fest zu umschliessen, so dass derselbe nicht Raum zu usurirender oder erodirender Wirkung hat. Nur bei relativ sehr schweren, bei sehr spitzen oder scharfen oder auch unter allen Umständen, auch wenn das Gewicht noch so gering ist, bei absolut glatten Fremdkörpern, gelingt das nicht. Da handelt es sich dann eben um keinen absoluten und bleibenden Contact zwischen dem Gegenstande und derselben Gewebslage. Reichliche Exsudation kann da wieder in einem bewegten Organe bis zu einem gewissen Grade die Gewebe vor der mechanischen Einwirkung schützen, indem der in dem grossen Flüssigkeitsraume ballotirende Körper zum mindesten nicht stets dieselbe Stelle stechen, schneiden oder überhaupt berühren wird — bei völliger Ruhe ist die Serummenge verschwindend klein.

Sogar der Seidenfaden, welcher in Cutis oder Fettgewebe meist in in einer kleinen Schwiele einheilt, kann in der Nähe eines pulsirenden Gefässes oder in Muskulatur, in einer Cyste gefunden werden. Es ist da nicht die Bewegung des Fremdkörpers, sondern die Bewegung der Gewebe selbst, welche hierzu den Anlass gibt. Anderseits kann die schwere Bleikugel, die glattwandige spitze Nadel und dergleichen mehr, welche in der Regel in Cysten gefunden werden, im Knochen oder in einem ähnlichen, wenig beweglichen Gewebe absolut feststecken, ohne dass irgendwelche Cystenbildung wahrzunehmen wäre.

Therapeutische Verwerthung der Beobachtungen.

Wenn man eine praktische Consequenz aus den früheren Betrachtungen ziehen wollte, so könnte man aus der Betrachtung speciell der Kugel- und Nadelusuren in Cystenräumen, in Hinblick auf die Möglichkeit der Usur von Blutgefässen oder des Darmes zur Forderung der Exstirpation gerade dieser Fremdkörper unter allen Umständen auch beim Mangel jeder objectiven Reizungserscheinung gelangen, natürlich nur in Körperregionen, wo diese Gefahr eminent ist.

Abgesehen von ähnlichen, sozusagen defensiven Consequenzen wäre aber zu überlegen, ob nicht aus derlei Betrachtungen eine Verwerthung der Einheilung von Fremdkörpern für therapeutische Zwecke resultiren könne.

Die erfolgreichen Versuche der Einheilung fremder Körper sind seit Einführung der antiseptischen Methode und offenbar nur durch diese in Zunahme begriffen, während früher Fremdkörper nur als sichere Erreger von Eiterung (Haarseile) oder höchstens zur Erzeugung eines Narbencanales (Bleidraht bei Syndactylie) zur Anwendung kamen. Heute lässt man Seide, Catgut, entkalkten Knochen, elastische Ligaturen, Draht, Stahlnägel, Jodoformgaze (Winiwarter), dann Flüssigkeiten wie Blut und Jodoformglycerin und anderes einheilen.

Die Einheilung dieser Materialien bezweckt nur zum Theile eine andauernde Wirkung als Ligatur, Sutur (Lister's Silbernaht der Patella), Irritament (Elfenbeinzapfen in Fractur-Enden), Tampon und dergleichen. Das Einheilen ist hier nur eine mehr oder weniger unangenehme Nothwendigkeit, um bei tiefer Läsion trotz der eingelegten Fremdkörper eine Haut- oder Weichtheilwunde per primam zur vollständigen, definitiven Vereinigung bringen und so die Heilungsdauer kürzen zu können.

Die Erfahrung, dass schwere Fremdkörper, Bleikugeln, in bewegten Köpertheilen und weichen Geweben, in cystischen Räumen, bindegewebigen Kapseln vorgefunden werden, weiters ältere und eigene Beobachtungen der Art der Einheilung glatter (spitzer, kantiger) Glasstücke führten zur Ueberzeugung, dass durch derartige Fremdkörper künstlich Körperhöhlen, respective künstliche Räume erzeugt werden können, was ja zur Garantirung eines Hohlraumes nach Gelenksresectionen, zumal aber bei Anlegung künstlicher Gelenke von Bedeutung wäre, überdies auch einen wahrscheinlichen Werth hätte in Körperregionen, in welchen Narbentraction erfahrungsgemäss gefahrvoll ist, wie in den serösen Höhlen, Gelenken, Sehnenscheiden und den Meningealräumen. Gerade für letztere erscheint die Verwendung von Glasplatten zur Verhinderung von adhärenten Hirnnarben nicht aussichtslos.

Wir haben an Thieren das gewünschte Resultat der Pseudarthrosenbildung erreicht. Am Menschen wurde etwas Aehnliches in einem Falle von Resection des Ellbogens versucht; es wurde zwischen die Sägeflächen der Knochen eine mehrfache Lage von Guttaperchapapier gelegt; das Streben hiebei war durch temporäres Einlegen eines glatten Fremdkörpers primäres Aneinanderheilen der Knochenwunden zu verhindern. Indem aber schon nach 14 Tagen der Fremdkörper entfernt wurde, war das Resultat kein besonders befriedigendes; es trat zwar keine knöcherne Ankylose ein, die Beweglichkeit war aber eine geringe. Besser dürfte es jedenfalls sein, ein zweckmässig geformtes grösseres Glasstück ganz einheilen zu lassen oder mindestens nach längerer Zeit zu entfernen. Dass eine Verbesserung unserer Methoden zur Anlegung künstlicher Gelenke und zur Verhinderung von Ankylosen wünschenswerth ist, dürfte wohl Jedem, der praktische Erfahrung hat, nahe liegen. Hat doch ein Meister der Resection wie Ollier erst im vorigen Jahre veröffentlicht, dass er in

einem Falle dreimal im Ellbogen operiren musste, um endlich ein beweg-
liches Gelenk zu erhalten.

Neuerdings versuchte ich bei einer secundären Sehnennath durch
Guttapercha-Einlagen die Verwachsung zwischen Schnen- und Hautnarbe
zu hindern; über den Schlusserfolg wäre seinerzeit zu berichten. Der
zweimalige Versuch, einen Defect des Schädels und der Dura mater durch
Glas zu ersetzen, scheiterte dadurch, dass die Versuchsthiere (Katzen)
bald an Räude zugrunde gingen. Die Versuche sollen wiederholt werden,
scheinen aber schon durch die Beobachtung der Gewebsveränderungen
bei Glas an anderen Körpertheilen einerseits und andererseits durch die
erfolgreiche Einheilung von Kautschukplatten in Trepanationsdefecte (Lesser)
gesichert. Zur Verhinderung von Adhäsionen der Bauchhöhle sind von
Stern mit Collodium erfolgreiche Versuche gemacht worden. Es ist nur
fraglich, ob gerade für die Peritonealhöhle derlei Massnahmen praktische
Vertheidiger finden werden, indem schliesslich doch die durch Adhäsionsbildung hervorgerufenen ungünstigen Ausgänge nach Laparotomien grosse
Ausnahmen darstellen.

Abgesehen von der Einheilung von Glas zum Zwecke der Höhlen-
bildung, wäre dasselbe aber gewiss auch als indifferentes Füllmittel in
Knochendefecten zu verwenden, speciell in Form der Glaswolle, z. B. nach
Nekrosenoperationen, nach Entfernung tuberculöser Herde; oder als Stützgerüst in Form von runden Glasstücken zur Ausfüllung der durch Entfernung von Hand- und Fusswurzelknochen entstandenen Räume. Beim
Thiere hatte die Glaswolle, welche als Ersatz für den resecirten Femurcondyl verwendet war, dem Zwecke entsprochen, so dass ein normal be-
wegliches, gesundes Kniegelenk zu finden war.

Zum Anfüllen von Knochenhöhlen benützte Winiwarter Jodoformgaze, und N. Senn entkalkte Knochenspäne: zu ähnlichem Zwecke,
als Füllmittel, sind von Schede das Blut, von Billroth das Jodoformglycerin benützt worden, beide mit Erfolg: das Jodoformglycerin haupt-
sächlich wegen seiner antituberculösen Wirkung. Nicht zu verwenden
sind aber natürlich Flüssigkeiten und resorbirbare Substanzen als Stütze
für eine dünne Knochenschale, wie das bei Nekrosenoperationen und auch
bei Caries, z. B. des Calcaneus wünschenswerth wäre, und natürlich auch
nicht als Ersatz eines exstirpirten Knochens. Als Stützgerüst ist bisher,
soviel mir bekannt, blos das Elfenbein verwendet worden. Prof. Rose
zeigte mir vor zwei Jahren einen Kranken, der statt des Tibiaschaftes
einen Elfenbeinstab trug.

Auf eine weitere Verwendung des Glases in Form der Glaswolle
wurde ich durch mehrfache Ueberlegung geführt.

Poröse, faserige Stoffe, Seide, Gaze heilen in der Regel ein, indem
sie von Bindegewebe durchwachsen werden, so dass sie schliesslich in
einer mehr weniger derben Narbe eingewachsen sind. Aehnliches war bei

der Glaswolle zu erwarten. Die Erzeugung derber, resistenter Gewebe, respective Narben, ist das Ziel aller sogenannten Radicaloperationen der Hernien. Ich legte daher vor $2\frac{1}{2}$ Jahren Glaswolle in die Bruchpforte einer Cruralhernie ein, um so durch ein nicht resorbirbares, feinfaseriges Materiale eine persistirende Schwiele zu erzeugen.

Verfasser hat vor sieben Jahren Schwalbe's Verfahren der Alkoholinjection bei Leistenhernien in einer grösseren Zahl von Fällen, sowohl auf der Klinik als auch im klinischen Ambulatorium versucht. Die momentanen Resultate waren sehr erfreulich; es traten schwielige Verschrumpfungen der Bruchpforte ein (nebenbei bemerkt niemals irgendwelche unangenehme Zufälle), das Schlussresultat ist aber als vollkommen unbefriedigend zu bezeichnen, indem Schwiele und Verengerung der Bruchpforte immer schon nach wenigen Monaten geschwunden und so das Bruchleiden wieder erschienen war. Es wurde dann in zwei Fällen die Erzeugung von Schwielen in der Bruchpforte dadurch angestrebt, dass dieselbe nach Abbindung des Bruchsackes wochenlang durch eingelegte Jodoformgaze in Granulation erhalten wurde, dies Alles mit dem Erfolge, dass in der That eine sehr massige Narbe entstand, welche aber auch schon nach einem Jahre vollkommen zart geworden war, ja es liess sich sogar die Haut an der betreffenden Stelle über den tiefen Schichten falten.

Bekanntlich soll bei der Czerny'schen Methode der Radicaloperation der Hernien die versenkte Seidennaht der Schenkel des Leistencanales zur Erzeugung einer resistenten Narbe anregen. Hofrath Billroth nimmt aus diesem Grunde für diese Naht stets sehr dicke Seidenfäden, ähnlich wie zur Fasciennaht nach Laparotomien. Ich konnte mich wiederholt überzeugen, dass auch in solchen Fällen, auch wenn dieselbe eine sehr starke entzündliche Reaction hervorgerufen hatten, nach Jahr und Tag keine continuirliche Schwielen, höchstens kleine Knötchen um die Seidenfäden nachzuweisen waren. Dürfte nun auch die Czerny'sche Operation bei der Leistenhernie häufig radical wirken, indem der Bruchsack abgebunden, die Bruchpforte direct vereinigt wird, so lag es doch bei der Cruralhernie nahe, wegen der Schwierigkeit der Vernähung der Bruchpforte etwas Anderes zu versuchen.

Der Fall, in welchem ich die Glaswolle versuchte, ist folgender.

(P. 147. v. J. 1887.) M. S., eine 30 Jahre alte Magd aus N.-O., leidet seit zehn Jahren an einem linksseitigen Schenkelbruch, welcher beim Heben einer schweren Last entstanden sein soll. Anfangs klein, erregte er keine Beschwerden, bis vor sechs Jahren, als er plötzlich Apfelgrösse erreichte, irreponibel wurde und die Symptome der Incarceration veranlasste. Auf der Klinik Dumreicher wurde die Herniotomie ausgeführt und die Patientin drei Wochen post operationem mit Bruchband geheilt entlassen. Das Bruchband brach (?) wenige Stunden nach der Entlassung und der Bruch trat noch am selben Tage in der früheren Grösse wieder auf (?). Patientin hatte jedoch trotz schwerer Arbeit keine Beschwerden von dem immer grösser werdenden Bruch, bis vor acht Tagen die Hernie plötzlich kindskopfgross wurde, mehrmaliges Erbrechen und Stuhlverstopfung auftrat, welche Erscheinungen jedoch bald schwanden. Die Kranke entschloss sich wegen der Grösse der Bruchgeschwulst zu operativer Behandlung.

Status pr.: Mittelgrosse, magere, schwächliche Frau. Ueber den Lungen vorne scharfes, rauhes, vesiculäres Athmungsgeräusch. Im Uebrigen an den inneren Organen nichts Abnormes zu erweisen. — In der linken Schenkelbeuge ein kindskopfgrosser, weichelastischer, tympanitisch schallender Tumor. Haut darüber zahlreiche Schwangerschaftsnarben zeigend, dünn, so dass man deutlich die Darmschlingen durchfühlt. Reposition des Bruchinhaltes sehr leicht; Bruchpforte, von einem harten Ring gebildet, ist für drei Finger durchgängig.

17. Mai 1887. Radicaloperation der Hernie in Narkose. Der nach Reposition der Hernie leere Hautsack wird elliptisch excidirt; bei Eröffnung des praeparando freigelegten

Bruchsackes wird ein hier adhärenter Netzstrang abgebunden und mit dem Thermocauter durchtrennt. Der Bruchsackhals wird mit einer Art Tabaksbeutelnaht umschnürt und hierauf der Bruchsack mit Paquelin abgetrennt. Der Rest des Bruchsackes wird mit der Bruchpforte vernäht, dann Jodoformgaze eingelegt und darüber der grösste Theil der Hautwunde durch Seidenknopfnähte geschlossen. Jodoformgaze-Carbolgazeverband. Nach vier Tagen wird der durch Menstrualsecret von aussen verunreinigte Verband entfernt. Die Jodoformgazestreifen werden aus der Wunde herausgezogen und durch sterilisirte Glaswolle ersetzt; letztere soll einheilen und festen Verschluss der Bruchpforte bewirken. — Beim Verbandwechsel am 1. Juni ist die Nahtlinie solid verheilt, so dass die Nähte entfernt werden, der nicht geschlossene Theil der Wunde in Granulation. Die Glaswolle heilt vorzüglich ein. Die hervorstehenden Fasern werden entfernt.

Am 15. Juni verlässt Patientin mit Bruchband (mit Hohlpelotte) das Bett. Am 27. Juni 1887 ist die Wunde definitiv vernarbt, so dass die Kranke entlassen wird.

Die Kranke ist am 22. September 1888 an Tuberculose im allgemeinen Krankenhause in Wr. Neustadt gestorben.

Indem ich den Befund kürzere Zeit nach der Operation für irrelevant hielt, wollte ich die Kranke erst nach Jahresfrist wieder nach Wien citiren; leider gelang es mir jedoch nicht, deren Aufenthaltsort zu ermitteln, und schliesslich habe ich durch die Behörde nur deren Tod in Erfahrung gebracht. An das Bestehen einer Hernie wissen sich weder die Spitalärzte in Wr. Neustadt zu erinnern, noch konnten darüber die Verwandten etwas angeben. Ich erwähne den Fall daher blos als Versuch der Verwerthung der Glaswolle zur Radicalheilung einer recidivirenden, besonders umfangreichen Cruralhernie, ohne über das Endresultat positive Angaben machen zu können.

Neuerer Zeit hat Thiem nach einem Vorschlage Gluck's in die Bruchpforte einer Inguinalhernie ein Catgutbündel einheilen lassen und so Schwielenbildung in der Bruchpforte, respective Radicalheilung des Bruches angestrebt. Wahrscheinlich wird mit der Resorption dieses Tampons auch die secundäre pathologische Gewebsbildung, die resistente Narbe schwinden, so wie wir das bei den Alkohol-Injectionen gesehen haben. In der That berichtet Thiem ein halbes Jahr nach seiner ersten, ältesten Radicaloperation, dass die Narbe anscheinend dünner geworden sei *)

Die zur Ausfüllung von Knochendefecten zur Verwendung gelangenden frischen Knochenstückchen wären im Sinne Mac Ewen's und Adamkiewicz's nicht hieher zu zählen.

Bei Verwendung resorbirbarer Tampons dürfte ähnlich wie beim Hämatom einerseits die solide Verwachsung der umschliessenden Gewebe

---

*) In neuerer Zeit mehren sich die Vorschläge zur resorbirbaren Tamponade. Ausser dem älteren Vorschlage Gluck's, das Catgut zu verwenden, haben besonders die Amerikaner mehreres erfunden: Senn die decalcinirten, in Alkohol gehärteten Knochenscheibchen und Dr. Halstead vom neuen Spital in Baltimor demonstrirte mir heuer ein aus der Submucosa des Schweines bereitetes, gleichfalls in Alkohol sterilisirtes, aus feinen Fädchen bestehendes Tamponmateriale, welches er zur Blutstillung empfiehlt. Ich habe mich überzeugt, dass das Materiale, ohne merkliche Reaction hervorzurufen, in der Bauchhöhle des Kaninchens innerhalb 2½ Monaten resorbirt wird. Einen Anlass, dasselbe am Menschen zu verwenden, hatte ich trotz des reichen Materiales unserer Klinik innerhalb eines halben Jahres nicht.

Die Engländer verwenden zur Blutstillung bei Uranoplastik, für Blutstillung aus der Arteria palatina descendens im Knochencanale, Carbol- oder Sublimatwachs, welches in den Canal hineingestopft wird und da wahrscheinlich auch einheilt. Auch diese Art der Blutstillung dürfte entbehrlich sein.

verhindert werden und anderseits die reactive Weichtheilveränderung, das organisirte Infiltrat, vergänglich sein.

Es mag immerhin bedenklich erscheinen, grössere und schwere Fremdkörper im Organismus einschliessen zu wollen, wegen der Gefahr einer Eiterung in später Zeit. Billroth hat vor 20 Jahren gerade auf das häufige Entstehen von Abscessen um lange reactionslos verweilende oder eingeheilte Projectile aufmerksam gemacht. Das späte Auftreten einer Eiterung in solchen traumatischen Fällen durfte — abgesehen von anderen Möglichkeiten — meist wohl so erklärlich sein, dass die splittrigen, rauhen Kugeln oder Metallstücke bei ausgiebiger Bewegung der verletzen Individuen nachträglich — besonders wenn sie an die Körperoberfläche gelangen, wegen häufiger Insulte — Blutungen in den umschliessenden Geweben erzeugen; diese Hämatome können wieder durch temporär im Blute kreisende Coccen zur Vereiterung kommen. Dass dafür die physikalische Beschaffenheit des eingeschlossenen Fremdkörpers von grösster Bedeutung ist, erscheint mir fraglos, wenn auch Dementjew dies gegen Billroth anzweifelt. Ein abgerundetes Glasstück wird in obigem Sinne weniger Gefahr in sich bergen, als eine zersplitterte Bleikugel. Im Übrigen dürfte die nach vielen Monaten vorgenommene Excision eines zum Zweck der Cystenbildung eingelegten Fremdkörpers nicht das erstrebte Resultat preisgeben, ist doch bezüglich grosser Hämatome besonders von französischen Autoren darauf hingewiesen, dass ein pathologischer Gewebsraum persistire, trotzdem im Lauf der Zeit der Bluterguss verschwindet.

Sollten sich auch die Erwartungen in die skizzirte Verwendbarkeit des Glases nicht in jeglicher Beziehung bewähren, so möge doch die Präcisirung der durch Fremdkörpereinheilung anzustrebenden Erfolge zu erfolgreichen Versuchen anregen.

Der Rückblick auf die anatomischen Befunde bei chemisch-indifferenten, schwer löslichen festen Fremdkörpern lehrt, dass diese: 1. bei geringem Gewicht und Umfang und bei gewisser Ruhe, dann leicht in Narbengeweben einheilen, wenn sie porös, faserig oder rauh sind, sie können daher zur Erzeugung von Schwielen dienen.

2. Corpora aliena von mässigem Gewichte, compacter Beschaffenheit heilen, wenn glattwandig, in zarten bindegewebigen Kapseln ein; bei poröser, rauher Oberfläche ist die Kapsel dichter, eine derbere Narbe — derartige Körper könnten demnach als Stützgerüste in Weichtheilen oder Knochen dienen.

3. Hohes specifisches Gewicht, vollkommen, d. h. allseitig
glatte Oberfläche, scharfkantige oder spitze Beschaffenheit.
sind Eigenschaften eines Fremdkörpers, welche seine Einheilung in flüssigkeitshältigen Bindegewebskapseln wahrscheinlich machen, zumal wenn der betroffene Körpertheil nicht ruht.
— Solche Fremdkörper dürften sich besonders zur Verhinderung von Verwachsungen wunder Theile, auch zur Pseudarthrosenbildung eignen.

Wien, December 1889.

Literatur.

E. Albert: Zur Histologie der Synovialhäute.   Sitzungsberichte der k. k. Akademie der Wissenschaften 64.

Arnold: Anatomische Beiträge zur Lehre von den Schusswunden. Heidelberg 1873.

A. Bardeleben: Referate über allgemeine Chirurgie in Virchow-Hirsch's Jahresberichten der gesammten Medicin. — Lehrbuch der Chirurgie 1874.

E. v. Bergmann: Die Lehre von den Kopfverletzungen. Stuttgart 1880.

Th. Billroth: Ueber die relative Seltenheit der Kugeleinheilung. Wiener med. Wochenschrift 1870 Nr. 49.

Th. Billroth und A. von Winiwarter: Die allgemeine chirurgische Pathologie und Therapie. 14. Auflage, Berlin, 1889.

F. Boll: Untersuchungen über den Bau und die Entwicklung der Gewebe. Archiv für mikr. Anatomie VII., p. 301, 325.

Breschet: Des corps étrangers placés sous la peau etc. — Dictionnaire de sciences médicales. Paris 1813. VII. 65—69.

Cortese: Schusswunde im Gehirn. Referirt im Centralblatt für medic. Wissenschaften 1871.

Th. v. Dembowski: Ueber die Ursachen der peritonealen Adhäsionen nach chirurgischen Eingriffen. — Langenbeck's Archiv XXXVII.

Dementiew: Die Einheilung von Fremdkörpern in Knochen und Gelenken. Deutsche Zeitschrift für Chir. XVI.

H. Demme: Allgemeine Chirurgie der Kriegswunden. Würzburg 1863.

A. Doran: On certain foreign bodies embedded in the tissues without producing inflammatory symptoms. - St. Bartholomew hospital Reports. London 1876. XII.

v. Dumreicher: Ueber fremde Körper. Allg. Wiener med. Zeitung 1866. p. 52.

Fabricius von Hilden: Wundarznay, übersetzt von Greiffen. Frankfurt a. M. 1652.

G. Fischer: Die Wunden des Herzens und des Herzbeutels. — Langenbeck's Archiv IX.

H. Fischer: Handbuch der Kriegschirurgie. Stuttgart 1882.

Gluck: Ueber resorbirbare antiseptische Tamponade. -— Deutsche medicin. Wochenschrift 1888 Nr. 39.

P. Grawitz: Beitrag zur Aetiologie der Eiterung. Virchow's Archiv 116.

P. Grawitz und W. de Bary: Ueber die Ursachen der subcutanen Entzündung und Eiterung. - Virchow's Archiv 108.

K. Gussenbauer: Die traumatischen Verletzungen. Stuttgart 1880.

M. Hager: Die fremden Körper im Menschen. 8° Wien 1844.

Haidenhain: Ueber die Verfettung fremder Körper in der Bauchhöhle. — Breslau 1872.

H. Hallwachs: Ueber Einheilung von organischem Materiale unter antiseptischen Cautelen. — Langenbeck's Archiv XXIV.

Hartmann: Ueber die durch den Gebrauch der Höllensteinlösung künstlich dargestellten Lymphgefässanhänge, Saftcanälchen und scheinbaren Epithelien. — Archiv für Anat. u. Physiologie 1864.

Heineke: Anatomie und Pathologie der Sehnenscheiden und Schleimbeutel. Erlangen 1868.

W. His: Ueber das Verhalten des salpetersauren Silberoxydes etc. Virchow's Archiv 20.

Hueter: Klinik der Gelenkskrankheiten 1876 I.

M. Huppert: Fremde Körper im Gehirn. Wagner's Archiv für Heilkunde. Leipzig 1875 p. 9. — Eine Nadel im lebenden Herzen. Archiv der Heilkunde 1878 p. 517.

Hutin: Kugel im Wirbelcanal. — Gaz. méd. de Paris 1849 p. 765.

H. Kümmel: Ueber eine neue Verbandmethode etc. — Langenbeck's Archiv XXVIII.

U. Krönlein: Klinischer Bericht. — Langenbeck's Archiv XXI. Suppl.

Landzert: Zur Histologie der Synovialhaut. — Centralblatt für medicin. Wissenschaften 1867 Nr. 24.

Leber: Ueber die Wirkung der Fremdkörper im Innern des Auges. — International medical Congress. London 1881 (Ergänzung des Aufsatzes 1882).

L. v. Lesser: Ueber das Verhalten des Catgut im Organismus und über Heteroplastik. — Virchow's Archiv 95.

E. Marchand: Ueber die Bildungsweise von Riesenzellen um Fremdkörper und den Einfluss des Jodoform hierauf. — Virchow's Archiv 93.

J. Maslowski: Extirpation beider Ovarien mit einem kurzen Berichte über die Geschichte der Ovariotomie in Russland. Langenbeck's Archiv 1868 IX. p. 527.

N. Naegeli: Ueber den Einfluss der Pilze auf die Bildung von Riesenzellen. — Inaug. Dissertation. Leipzig 1885.

A. Rosenberger: Ueber Einheilen unter antiseptischen Cautelen etc. — Langenbeck's Archiv XXV.

E. Scheuerlen: Die Entstehung und Erzeugung der Eiterung durch chemische Reizmittel. — Langenbeck's Archiv f. kl. Ch. 32, p. 500; Weitere Untersuchungen über die Entstehung der Eiterung. Langenbeck's Archiv 36, p. 929.

N. Senn: On the healing of aseptic bone cavities by implantation of antiseptic decalcified bone, 1889.

Simon (Darmstadt): Ueber das Einheilen von Gewehrkugeln 1853, Prager Vierteljahresschrift X. 170.

O. Spiegelberg und W. Waldeyer: Untersuchungen über das Verhalten abgeschnürter Gewebspartien in der Bauchhöhle etc. — Virchow's Archiv 44.

H. Stern: Ueber pseudomembranöse Verwachsungen bei intraperitonealen Wunden. — Beiträge zur klinischen Chirurgie IV. 3. Heft.

C. Thiem: Ueber aseptische resorbirbare Tamponade. – Langenbeck's Archiv XXXIX.

II. Tillmanns: Zur Histologie der Synovialmembranen. – Langenbeck's Archiv XIX. – Experimentelle und anatomische Untersuchungen über Wunden der Leber und Niere. – Virchow's Archiv 78.

L. Waldenburg: Ueber Structur und Ursprung wurmhaltiger Cysten. – Virchow's Archiv 24.

G. Wegner: Chirurgische Bemerkungen über die Peritonealhöhle, mit besonderer Berücksichtigung der Ovariotomie. – Langenbeck's Archiv XX.

C. Weigert: Ueber Metschnikoff's Theorie der tuberculösen Riesenzellen. – Fortschritte der Medicin 1888.

Weiss (Padua): Ueber die Bildung und Bedeutung von Riesenzellen und über epithelähnliche Zellen, welche um Fremdkörper im Organismus sich bilden. – Virchow's Archiv 68.

G. T. Weiss: De la tolérance des tissus pour les corps étrangers. 4°. Paris 1880.

Erklärung der Abbildungen.

Tafel I. Figur 1 (zu pag. 15, Fall 5). Schnitt durch die innersten Schichten einer um einen Glassplitter entstandenen Cyste. Silberfärbung an der Oberfläche. Bei A. die oberflächliche Zellenschichte der Quere nach, bei B. der Fläche nach getroffen, bei C. die darunter liegende gefässreiche Fasergewebschichte, in welche die Silberimprägnation nicht hinabreicht. (Vergrösserung: Reichert: Oc. 3, Obj. 8.)

Tafel II. Fig. 2 (zu p. 16). Querschnitt durch einen Bindegewebscanal um eine Stahlnadel. Innen zahlreiche grosse Zellen mit äusserst spärlicher, feinfaseriger Zwischensubstanz; darunter gefässreiches Bindegewebe; zu äusserst viele Lagen gefässarmen, concentrisch angeordneten Fasergewebes, in welchem massenhaft braunes Pigment eingelagert ist. (Vergrösserung: Reichert Oc. 1, Obj. 1.)

Fig. 3. Die inneren Schichten des früheren Präparates (Fig. 2) bei Vergrösserung: Reichert: Oc. 3. Obj. 5.

Fig. 4 (zu pag. 20, Fall 10). Glaswolle in Kaninchenmusculatur eingeheilt. Schnitt durch das Innere des Glaswollbündels. Man sieht hier: Glasfasern, ein reichliches Gefässnetz, grosse Zellen und spärliches Fasergewebe; sowohl in den grossen Zellen, als auch an den Glasfasern braunrothes Pigment. (Vergrösserung: Reichert: Oc. 3, Obj. 5.)

Fig. 5 (zu Fall 6, pag. 15). Querschnitt der Innenschichten einer um einen Glassplitter entstandenen Bindegewebskapsel jüngeren Ursprungs als Fig. 1. — Vergrösserung: Reichert: Oc. 3. Obj. 5.

Tafel III enthält Abbildungen von Fall 9 (pag. 17 und 18).

Fig. 6. Die Hand des Kranken. Die Haut über der zwischen Thenar und Vola gelegenen Cyste gespalten, so dass die glatte Aussenwand derselben sichtbar.

Fig. 7. Die in Alkohol gehärtete Cyste in natürlicher Grösse; die Vorderwand excidirt, um die Innenfläche zu sehen. — Fig. 8. Das Bleistück in natürlicher Grösse.

Fig. 9. Ein Schrägschnitt durch die innersten Schicten der Cystenwand. Nach oben die structurlose innerste Schichte; dann nach unten zu grosse ein- und mehrkernige Zellen, deren Zwischengewebe mit Silber schwach gefärbt (die oberste Zelllage dieser Schichte im Flächenschnitt in Fig. 10 dargestellt), darunter ist in der Zeichnung gefässreiches, unregelmässiges Fasergewebe dargestellt, während die nach aussen von demselben gelegenen, zahlreichen Schichten concentrisch angeordneten Bindegewebes nicht abgebildet sind. (Vergrösserung: Reichert: Oc. 1. Obj. 8.)

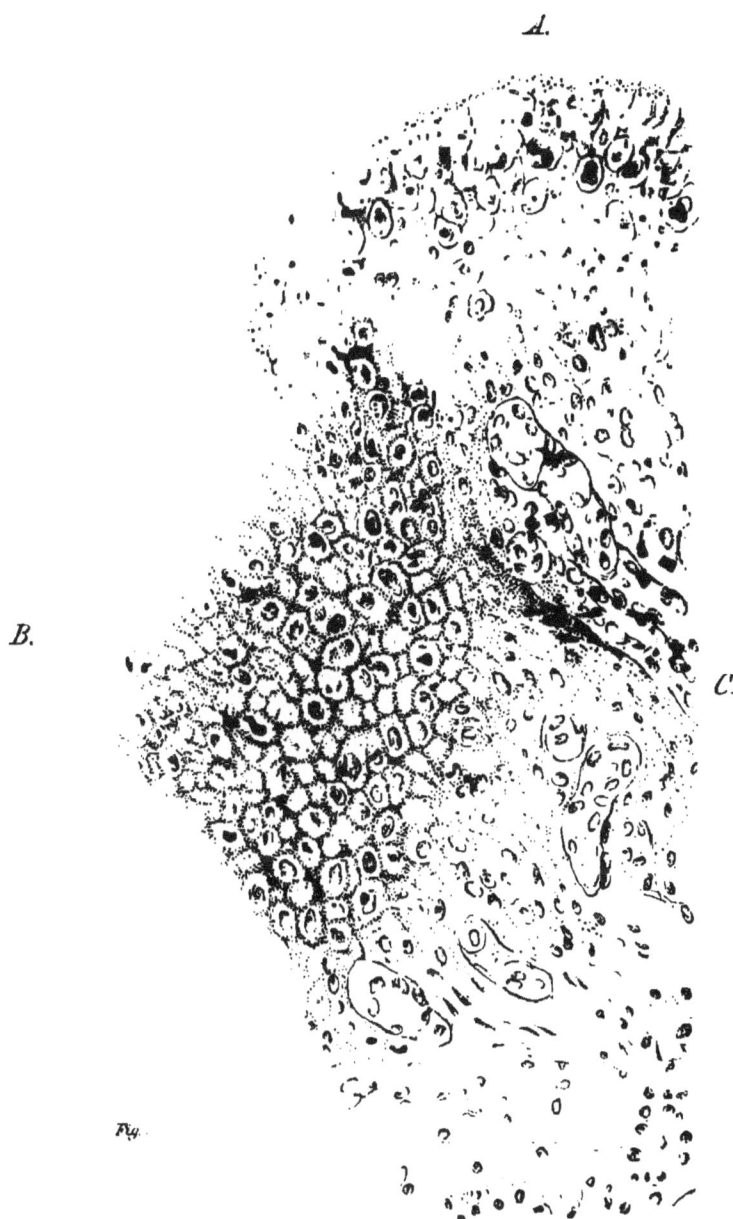

A.

B.

C.

Fig.

Fritz Meixner del. fd. […] […] Lith Anst. v. G. Freytag & Berndt V.

Verlag von Alfred Hölder, k.u.k.Hof-u.Universitäts-Buchhändler in Wien.

Fig. 2.

Fig. 3.

Fig. 4.

Fig. 5.

Verlag von Alfred Hölder, k.u.k. Hof-u. Universitäts-Buchhändler in Wien.

Fig. 6.

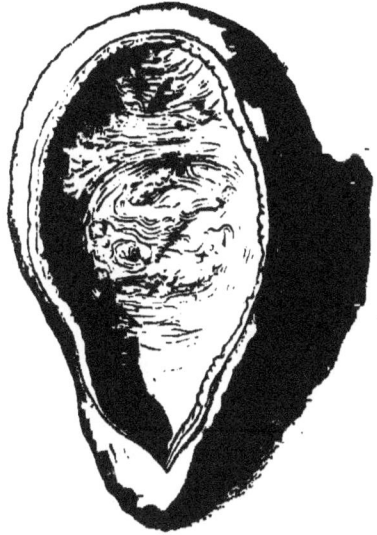

Fig. 7.

Fig. 8.

Fig. 10.

Fig. 9.

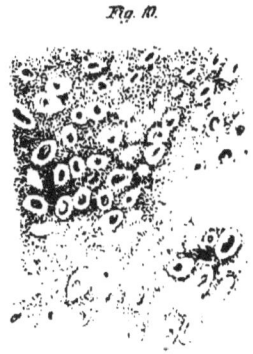

Fritz Meixner del. Fd. Strecker lith.   Lith Anst. v. G. Freytag & Berndt, Wien.

Verlag von Alfred Hölder, k.u.k. Hof-u. Universitäts-Buchhändler in Wien.